计算机视觉系统设计及显著性算法研究

Computer Vision System Design and Visual Saliency Research

徐海波 著

内容提要

本书主要针对自然图像中的显著性区域进行高效检测，在一定程度上实现模拟人类视觉的任务。主要内容包括图像处理的发展趋势及基本算法如立体视觉模型等，水下焊接条件下视觉系统的设计要求与设计过程；视觉显著性算法的发展趋势，几类比较核心的视觉显著性算法，如基于分数阶傅里叶变换的显著性检测算法、基于井节点传播的可判别显著性检测框架等。本书适用于自动化、计算机领域有关图像检测、模式识别等方向的研究者及青年学者参考与学习。

图书在版编目(CIP)数据

计算机视觉系统设计及显著性算法研究/徐海波著. —上海：上海交通大学出版社，2019

ISBN 978-7-313-22260-2

Ⅰ.①计… Ⅱ.①徐… Ⅲ.①计算机视觉—系统设计—研究②计算机视觉—算法—研究 Ⅳ.①TP302.7

中国版本图书馆 CIP 数据核字(2019)第 244495 号

计算机视觉系统设计及显著性算法研究

JISUANJI SHIJUE XITONG SHEJI JI XIANZHU XING SUAN FA YANJIU

著　　者：徐海波

出版发行：上海交通大学出版社　　地　　址：上海市番禺路 951 号

邮政编码：200030　　电　　话：021-64071208

印　　制：江苏凤凰数码印务有限公司　　经　　销：全国新华书店

开　　本：710mm×1000mm　1/16　　印　　张：9

字　　数：157 千字

版　　次：2019 年 12 月第 1 版　　印　　次：2019 年 12 月第 1 次印刷

书　　号：ISBN 978-7-313-22260-2

定　　价：36.00 元

版权所有　侵权必究

告读者：如发现本书有印装质量问题请与印刷厂质量科联系

联系电话：025-83657309

前　言

伴随着大数据时代，丰富的信息经场景图像传递，图像对于生物视觉系统比文字传输的信息更饱满，而让计算机如何高效地模拟人类视觉工作原理成为一种全新的挑战，让计算机或机器人具有视觉是人类多年以来的梦想。计算机科学与机器人技术出现以后，人们试图用摄像机获取图像并转换成数字信号，用机器人的大脑——计算机实现对视觉信息的处理，从而逐渐形成一门新兴的学科，即计算机视觉，它包括信息的获取、传输、处理、存储与理解。伴随神经网络在计算机视觉领域的应用，许多智能算法应运而生，本书就是在这样的技术背景下完成的。

本书以自然图像为对象展开论述，自然图像中的背景和显著性区域无法根据先验知识获取，这为显著性检测过程增加了难度，而本书研究目的在于对自然图像中的显著性区域进行高效检测，这对一些基本应用，如遥感定位、目标跟踪和医学影像等有着重要意义。显著性检测算法是视觉检测算法的常用方法，在一定程度上可模拟人类视觉，其主要包括两类：显著性目标检测与眼动预测，前者主要目的在于精确定位显著性目标及相对应的显著性值，后者预测由显著性目标所引发的眼动机制。

针对自然图像的显著性检测问题由来已久。对于视觉显著性检测的概念，目前科研领域尚未给出明确定义，一般认为，基于计算机视觉技术有效地模拟人类视觉系统的工作原理，高效地定位并识别自然图像中的感兴趣区域或目标，这一过程定义为视觉显著性检测(或显著性检测)。

近年，有关显著性检测的新方法层出不穷。从研究思想上可大体分为两类：横向分析思想利用图像中背景与目标的特征进行区分，通过结合边缘、纹理和颜色等有效信息加以区分，从而达到显著性检测的目的；纵向分析思想利用相关图像组之间的深度信息，挖掘联合显著性对象，从而达到显著性检测的任务。研究方法大体可分为以下几类：①基于频域变换的分析方法；②基于图论的分析方法；③基于机器学习的分析方法等。现有的一些模型只能解决背景和目标相对固定的一些自然图像，而涉及复杂背景下的多目标检测时，由于背景所含信息无法有效描述，或目标信息与背景信息相似度极高，会导致显著性检测失败。本书提出一种基于图的显著性传播算法解决复杂背景下的显著性检测问题。另外，对于RGB(RGB指红绿蓝)图像检测而言，现有的联合显著性检测模型并未考虑图像内部所隐藏的深度信息，本书在充分考虑深度信息的基础上，提出一种迭代的算法框架解决联合显著性检测问题。本书还利用深度显著性网络与完整图上种子传播相结合的框架提取联合显著性特征，以像素级精确度解决显著性目标的精确定位及目标边界模糊等问题。

在本书撰写过程中，得到了长江师范学院大数据与智能工程学院的江成顺教授、谢秀军副教授等几位老师的大力支持和宝贵意见。同时，也得到了广东工业大学何小敏副教授、许亮老师，华南理工大学蒋梁中教授对本专著的一些系统实践方面的指点，对此，笔者表示衷心的感谢。

本书是在笔者博士研究生阶段科研基础上，经充实和提高而成，其内容可为图像处理、模式识别、检测技术等专业研究生，以及高年级的本科生提供学习与参考，但由于笔者水平有限，书中疏漏和不妥之处殷切希望广大读者不吝指正。

目　录

第 1 章

绪　论

随着计算机存储、处理能力的不断增强，人们所处理信息越来越多地涉及图像。这种数据资源涵盖众多信息，人类尝试借助于计算机模拟人眼工作原理以提取图像中的重要信息，视觉显著性模型应运而生。目标识别是图像处理与模式识别领域的一个重要研究方向。视觉显著性模型可为模式识别、目标跟踪等研究方向提供理论依据，在安全监控、医疗影像、物体定位等方面有广泛的应用和研究意义。当前，如何使计算机具有人类感知功能成为视觉显著性模型的一个研究热点。二维图像目标识别是计算机视觉领域的研究内容之一，近年，视觉显著性不仅要实现计算机二维图像的目标识别特性，而且将三维信息也考虑在内，如图像深度信息等，这对于解决以局部特征主导的细粒度图像问题具有重要价值与意义。

人类视觉系统作为一种过滤器，可以对吸引和感兴趣的区域或对象进行进一步处理。人类视觉具有眼注功能，即保持视觉聚焦在一个位置。在这种视知觉现象的启发下，一些视觉显著性模型着重于预测人类的眼注特性。此外，在计算机视觉应用的环境下，一些视觉显著性模型旨在识别图像或视频中的显著性区域，主要概括显著性目标检测的最新进展。计算机视觉显著性模型应用领域包括图像或录影检索、图像重定向、图像压缩、图像增强、录影编码、前景注释、质量评估、缩略图创建、动作识别和视频摘要等。过去 10 年人们见证了图像显著性检测的迅速进展，并根据一些先验或技术，提出大量的方法，如背景先验、紧致先验、稀疏编码、随机游动和深入学习等。这些面向 RGB 图像的可视化显著性模型取得优异性能，特别是基于深度学习的方法在性能上产生质的飞跃。随着采集技术的发展，人们可以得到更全面的信息，如 RGBD(基于深度线索的红绿蓝彩色图像)数据的深度线索、图像组间的图像约束以及视频数据的时间关系。

事实上，人类视觉系统不仅可以感知物体的外观，而且还会受到场景中深度信息的影响。随着成像器件的发展，人们可以简单方便地获得深度图，为 RGBD

显著性检测奠定基础。深度图为复杂背景下的前景提取提供更好的形状描述和其他有利的属性。一般情况下,深度信息的获取可以使用两种方式:直接作为附加特征与作为深度测量。

1.1 计算机视觉系统的研究背景和存在的问题

计算机视觉显著性模型模拟人类视觉系统对场景的感知,并在许多视觉任务中得以应用。随着采集技术的发展,人们利用更全面的信息,如深度线索、图像间关联度或时间关系,可将图像显著性检测扩展到 RGBD 显著性检测,联合显著性检测,或视频显著性检测。RGBD 显著性检测模型的重点是结合深度信息提取 RGBD 图像的显著性区域。联合显著性检测模型引入图像间对应的约束,发现图像群中共同的显著性对象。视频显著性检测模型目标是在视频序列中定位运动相关的显著性对象并结合运动线索和时空约束。以下简略介绍两类可视化显著性检测模型的研究背景。

1）图像显著性检测

图像显著性检测的目的是在视觉先验和技术的基础上从单个图像中发现显著性的对象。经过 10 年的发展,图像显著性检测取得长足进步,算法层出不穷,性能得到提升。下面简要回顾两个主要模型的经典方法:自下而上模型和自上而下模型。

自下而上模型是由刺激驱动的,它的重点是探索低水平视觉特征。根据人类视觉工作原理提出一些描述显著性图像的先验属性,如对比先验、背景先验和致紧先验。皮质细胞可以优先响应高对比度刺激,这意味着高对比度区域将引起观察者更多关注。Cheng 等提出一种基于全局对比度的方法获取显著性目标。摄影师通常将重要的目标放在图像中心而非边界,因此,周围边界区域可视为显著性计算的背景,称为背景先验,而这种定义在某些情况下存在片面性。Zhu 等提出一种鲁棒边界连通性定义,确定一个区域的背景概率,然后采用集成多个低级线索的优化框架实现显著性检测。在图像空间中,显著性区域倾向于拥有较小的空间方差,背景由于分布在整个图像上而具有较高的空间方差,这种分布特征称为致紧先验。Zhou 等结合致紧先验与局部对比方案获取显著性对象。同时,显著性信息还可以通过扩散框架在图上传播。

此外,大多数研究者引入一些传统的技术来实现图像显著性检测,如频域分析、稀疏表示、元胞自动机、随机游动、低秩恢复和贝叶斯理论。在稀疏表示框架下,背景可以重建一个区域。Li 等使用重构误差的方式对图像区域进行度量,可将显著性区域对应于一个较大的误差。随机游动是随机序列路径的数学形式化，在显著性检测中得以应用。Li 等考虑图像细节和基于区域的估计，制订正则化随机游动排序以获取显著性图。对于低秩恢复模型，特征矩阵可分解为与图像背景相对应的低秩矩阵，以及表示显著性对象的稀疏矩阵。Peng 等提出一种新的结构化矩阵分解方法，以两种结构正则化的高级先验为导向，实现显著性检测并获得较好性能。为进一步提高现有显著性检测方法的性能，Lei 等通过贝叶斯决策和迭代优化方案提出一种显著性目标检测的通用框架。

自上而下的模型由任务激励，其需要对标签进行监督学习从而实现高性能。深度学习技术为显著性检测任务提供重要手段。例如，He 等通过一个超像素的卷积神经网络学习显著性检测的分层对比特性，在这种情况下，将不同尺度的颜色唯一性序列和颜色分布序列嵌入网络。Li 等提出一个端到端的高对比网络的显著性检测模型，利用多尺度全卷积流捕获视觉对比度的显著性，利用空间池化模拟沿对象边界的显著性不连续现象。Liu 等从全局角度整合卷积神经网络(CNN)和一个分层的 CNN(HRCNN)，提出一个深度显著性网络。CNN 生成一个粗略的全局显著性图，HRCNN 通过考虑局部上下文信息来恢复图像细节。Hou 等在嵌套边缘检测器(HED)体系结构中引入短连接到跳层结构实现图像显著性检测，该检测结合低层和高层的多尺度特征，此方法已成功地移植到手机产品中。Zhang 等利用编码器全卷积网(FCN)和相应的解码 FCN 来检测显著性对象，引入 reformulated dropout(R-dropout)构造不确定的内部特征单元集合，并为减少反褶积算子的棋盘暗影设计混合采样法。

2) RGBD 显著性检测

深度图采集的简化使得 RGBD 显著性检测的研究成为可能。与图像显著性检测不同，RGBD 显著性检测模型采用颜色信息和深度信息线索来识别显著性对象。深度信息作为显著性检测的一个有用线索，通常采用两种方法：直接特征和设计作为深度度量。基于深度特征的方法着重将深度信息作为颜色特征的补充。基于深度测量的方法旨在通过设计深度测量来捕获深度图(如形状和结构)的综合属性。

为实现 RGBD 显著性检测，可将深度特征直接嵌入特征池中作为颜色信息的补充。Fang 等从 RGBD 图像中提取颜色、亮度、纹理和深度特征，以计算特征对比度图，然后利用融合和增强方案生成最终的 3D 显著性图。Song 等提出将深度信息作为一种区域特征，用于低对比度的显著性计算，也可作为显著性评价的加权项。最后，设计多尺度判别显著性融合模型，对多个显著性图进行融合，得到最终的显著性结果。

此外，考虑到所观察到的显著性区域明显不同于在深度图中的局部或全局背景，为此深度对比度可视为一个共同的深度属性。Niu 等计算全局深度对比度来获取立体显著性图。Peng 等通过一个多语境对比模型计算深度显著性，同时考虑对比先验、全局差异性和背景线索的深度图。最近，深度学习也成功地应用于 RGBD 显著性检测任务中。Qu 等设计 CNN 模型，自动学习低层线索和显著性结果之间的交互作用。

为充分利用深度图中的有效信息，如形状和结构，研究者设计了不同的深度测量方法。Ju 等提出一个各向异性中心-环绕差分(ACSD)测量与 3D 空间先验计算深度感知显著性图。Guo 等将 ACSD 测度与彩色显著性图相结合，提出一种迭代传播方法来优化初始显著性图并生成最终结果。由于背景通常包含深度图中高度可变的区域，所以某些高对比度背景区域可能导致误报，为此，Feng 等提出一个局部背景集(LBE)概念直接捕获显著性结构。根据摄影领域知识，显著性对象总是处于不同的深度水平，占据着较小区域。通过可增加显著性对象与干扰物之间的深度对比，Sheng 等提出深度对比度提高显著性对象的输出值，最后，定义一个优化函数来生成最终的显著性图。Wang 等通过最小屏障距离(MBD)变换和基于显著性融合的多层细胞自动机，提出 RGBD 图像的多级显著性目标检测框架，通过 FastMBD 方法生成深度激励的显著性图，并利用深度偏置和 3D 空间先验在多个阶段融合不同的显著性图。

1.1.1 研究现状

近年来，随着数据量的爆炸性增长，研究人员考虑处理多个相关图像。联合显著性检测作为一种新兴的、具有挑战性的模型，越来越受到研究者关注，其目的在于检测包含多个相关图像的图像组中共同的显著性区域，而背景完全未知。一般情况下，联合显著性对象应满足三属性：①对象应在每个单独的图像中显著性呈现；②对象应在图像组的所有图像中重复；③对象在多个图像中的外观应相似。显著性检测方法可以按深度线索分为两类：RGB 显著性检测和 RGBD 显著性检测。

图 1－1 总结了四种不同视觉显著性检测模型之间的关系，其中图像显著性检测模型是其他三模型的基础。通过深度线索，RGBD 显著性图可从图像显著性检测模型中获得。引入图像间关联信息，可将图像显著性检测模型转化为联合显著性检测方法。视频显著性检测可通过组合帧间对应和运动线索，或者通过集成运动线索，从图像显著性检测模型中获得。在实践中，为获得优越的性能，有必要设计一个专门的算法来实现显著性检测或视频显著性检测，而非直接移植图像显著性检测算法。

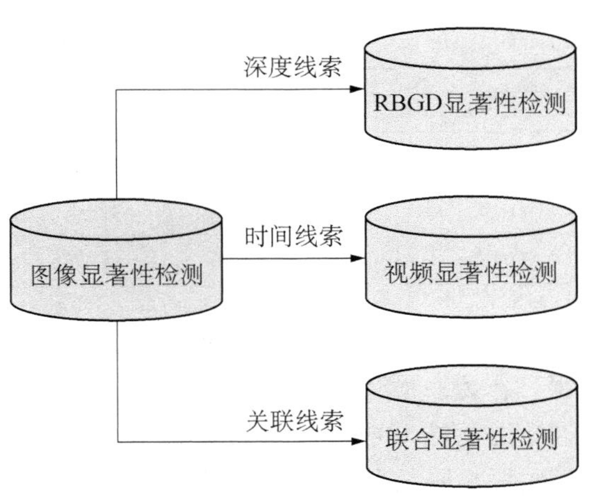

图 1-1 显著性检测模型关系

所涉及的研究现状如下。

(1) RGB 联合显著性检测 如前所述,像间关联信息在联合显著性检测中起着重要作用。在此回顾一些基于不同关联信息的 RGB 显著性检测模型,即基于匹配的方法、基于聚类的方法、基于排序分析的方法、基于传播的方法和基于学习的方法,RGB 联合显著性检测模型的举例介绍如表 1-1 所示。

表 1-1 RGB 联合显著性检测模型的举例介绍

模型	年份	信息获取方式	关键技术
CSP	2011	相似性匹配	均一化 SimRank
SA	2013	相似性匹配	超像素图匹配
CSM	2013	相似性匹配	相似性排序及匹配
RFPR	2014	相似性匹配	区域间差异性
HSCS	2014	相似性匹配	全局相似性度量
SCS	2015	相似性匹配	排序方案
CCS	2013	聚类	多线索聚类
SAW	2014	排序分析	约束性条件排序
LRMF	2015	排序分析	多尺度低秩融合
CSP	2016	传播	二级传播
CFR	2017	传播	颜色空间增强
LDW	2015	学习	深度学习

（续表）

模型	年份	信息获取方式	关键技术
GCS	2017	学习	FCN 框架，点对点
SPMI	2015	学习	自步多例程学习
UML	2017	学习	度量学习

相似性匹配　在现有的大多数方法中，像间的对应关系通过模拟基本单元间的相似性匹配而得。作为一项开创性工作，Li 等提出一个图像对的联合显著性检测模型，其中图像之间的对应关系被公式化为两个节点之间的相似性。Tan 等提出一种基于关联矩阵的联合检测模型，其根据图像对之间的超像素级双向图匹配对联合显著性进行评价。Li 等结合像内显著性图实现联合显著性检测，其中像间对应关系采用金字塔特征与最小生成树图像匹配的对偶相似性排序来测量。Liu 等提出一种基于分层的联合显著性检测模型，将像间关系作为每个区域的全局相似性来判定。Li 等提出一种显著性导向的显著性检测方法，第一阶段通过有效的流形排列恢复单显著性图中丢失的联合显著性部分，第二阶段通过一个具有不同查询的排序方案获取对应关系。

聚类　聚类是建立图像间联合响应的有效方法，将联合显著性区域分配给同一类别。在此基础上，Fu 提出一种无重学习的基于聚类的联合显著性检测算法。以聚类为基本单位，通过整合对比度、空间和相应的线索，设计一种跨图像聚类模型表示多个图像关系。

排序分析　理想情况下，联合显著性对象的特征表示应该具有相似性，因此，特征矩阵的秩相对较低。Cao 等提出一种基于秩约束的联合显著性检测融合框架，对多图像有效，对单图像显著性检测也有较好的效果。融合过程的自适应权值由低秩能量决定。Huang 等提出一种多尺度低秩显著性融合方法，用于单图像显著性检测，利用高斯混合模型（GMM），通过联合显著性先验原则生成联合显著性图。

传播方案　传播是在多个图像中捕捉像间的关系。Ge 等提出一种基于两段传播的显著性检测方法，其中显著性传播阶段用于覆盖公共属性，生成成对的共同前景线索图，像内传播阶段旨在进一步抑制背景，细化显著性传播图。通过对联合显著性对象在丰富的色彩特征空间中出现相似颜色分布的观测，Huang 等提出一种显著性残差的显著性检测方法。该方法将八色特征与四指数形成一个丰富的色彩特征空间，得到显著性指示图。

学习模式　近年来，基于学习的 RGB 显著性检测方法越来越受到重视，并

取得很好的发展形势，包括深度学习、自步学习、度量学习。

深度学习在学习高级语义表示方面具有广泛作用，一些基于深度学习的联合显著性检测启发式研究也已出现。Zhang 等在贝叶斯框架下，从深度和广度的角度提出一种联合性检测模型。从深度上，利用附加自适应层的卷积神经网络提取的高层特征来寻找更好的表示方法。从广度上，引入一些视觉上相似邻域，有效地抑制常见的背景区域。针对 FCN 框架，Wei 等提出一种基于端到端分组的深层联合性检测模型。首先使用 13 个卷积层的语义块来获取特征表示，然后捕获分组特征和单特征来分别表示分组交互信息和单个图像信息，最后利用卷积反褶积模型的协作学习结构输出联合显著性图。

自步学习理论是逐渐从简单/真实的样本中学习到更复杂/更易混淆的样本。Zhang 等提出一种新的联合显著性检测框架，即将 MIL 机制整合到自步学习(SPL)范式中。

度量学习的工作是学习一种距离度量，以使同类样本变得更接近，而不同类别的样本尽可能地变得疏远。Han 等在联合显著性检测中通过一个新的目标函数生成共同学习判别特征描述符和联合显著性目标检测器。该方法具有处理广泛性的能力，在图像领域取得优异性能。

(2) RGBD 联合显著性检测　深度信息在 RGBD 显著性检测中的优越性得到验证。结合深度线索和图像间的对应关系，可实现一个新的显著性检测课题，即 RGBD 联合显著性检测。存在两个常用的数据集，即 RGBDCoseg183 数据集和 RGBDCosal150 数据集。由于受数据源的限制，本节仅提出几种方法。

Song 等提出一种基于 Bagging 聚类的 RGBD 联合检测方法，通过特征包和区域分析挖掘图像间的对应关系。此外，还提取三个深度线索，包括平均深度值、深度范围和深度图上的方向梯度直方图(HOG)，以表示每个区域的深度属性。Fu 等将 RGBD 联合显著性图引入到一个基于对象的带互斥约束的 RGBD 联合分割模型。Cong 等提出一种基于多约束特征匹配和交叉标签的传播的 RGBD 图像联合显著性检测方法。通过两种匹配尺度刻画图像内部的关系，即：基于多约束的超像素级相似性匹配和基于混合特征的图像级相似性模型。最后，设计跨标签传播方案，以交叉的方式细化像内显著性图和像间显著性图，并生成最终的联合显著性图。

1.1.2 存在的问题

与图像显著性检测相比，联合显著性检测仍是一个新兴的课题，其中像间的对应关系是表征共同属性的关键。精确图像能有效地消除非常见的显著性干扰，提高精确度。相反，不准确的图像间对应如同噪声会降低性能。基于匹配和传播的方法通常能较准确地捕捉图像间的相互关系，但非常耗时。此外，多幅图像之间的建模是一个值得思考的问题，当然，如何利用深度属性来增强联合显著性对象的量化指标也有待进一步研究。具体总结为如下几个方面：

（1）如何利用精确有效的深度线索表示辅助显著性检测。在大多数方法中，深度信息或作为补充颜色特征的附加特征，或作为进一步表示深度属性（如形状）的度量。一般来说，基于深度测量的方法可获得更好的性能。然而，如何有效地利用深度信息来增强显著性目标的识别能力还没有达成共识。

（2）如何探索多幅图像的像间对应关系，以约束显著性对象的共性。将像间的对应关系表述为聚类过程、匹配过程、传播过程或学习过程。然而，这些方法对噪声敏感或耗时。因此，准确地捕捉像间的对应关系是一个亟待解决的问题。此外，设计一个高效的实时系统也是值得研究的。

（3）如何通过学习框架实现小样本下显著性检测（RGBD/视频）。受标记RGBD和视频数据的限制，深度学习（RGBD/视频）显著性检测的优势尚未完全实现。目前，研究人员已做了一些有效的尝试，如数据增强和综合。此外，还可以尝试设计一个网络，以实现小样本的高精确度检测。

1.2 视觉显著性算法的具体应用

在计算机视觉及图像处理中显著性目标检测具有广泛应用，如图像/视频压缩、图像自动裁剪、目标识别、图像分割、行人检测、图像质量评价等。

1）显著性检测在图像压缩方面的应用

压缩的目的在于剔除图像中的冗余信息，包括背景和干扰信号等，同时保留对象信息即关键信息，可理解为采用尽可能少的数据传输尽量清晰的图像。视频压缩原理也与图像类似，可看作是多帧图像的一个联合处理过程。首先，利用显著性检测模型提取图像中感兴趣目标或者区域，其次对该区域进行高分辨率或者高质量的编码，而其他非显著性区域或者对象进行低质量编码，以此来达到压缩图像存储大小的目的。具体可参考以下两个实例。

客户服务器（C/S）方面的应用：首先服务器传输一幅低质量或者低分辨率的图像到客户端，然后客户根据此图像的特征选出自己感兴趣的目标对象返回给服务器，最后服务器再根据显著性对象重构一幅高质量图像。图像压缩在进行远程医疗方面有广泛应用，客户端无须下载全幅高分辨率图像而重点关注感兴趣的关键目标区域。

人脸识别：人类视觉系统在观看视频演讲或者个人相册时通常关注图像或视频中的人脸部分，对图像中人脸部分进行高分辨率编码而其他部分弱化可大幅度压缩图像存储空间以保证一定的视觉效果。

2）显著性检测在图像缩放方面的应用

随着显示设备的快速发展，目标图像和显示设备之间的匹配及图像大小调整问题受到极大关注。如一幅图像可能需要同时在电脑显示器与手机桌面上显示，但不同设备显示比例变化时设备和缩放图像的匹配成为一个比较亟待解决的问题。缩放图像问题近几年的研究比较普遍。最直接的图像缩放方法如固定窗口剪裁和均匀采样等，而这些方法无法取得比较满意的效果，如果缩放比例不一致将导致图形扭曲变形，则固定窗口剪裁会损失很多图像的重要信息。这类直接的方法不能很好地保留图像内容。研究表明，利用图像的显著性部分提出基于显著性的缩放方法，使得对图像进行缩放操作时可保护图像内部的显著性区域从而得到效果良好的缩放图像。

3）显著性检测在图像分割中的应用

图像分割作为图像处理的一个研究方向，为后续处理提供依据。无监督的图像分割体现于自动地将图像中的内容与背景合理区分。基于显著性目标检测的图像分割可以看作是一种无监督的图像分割方法，以此输出感兴趣的目标或者区域。针对某幅固定图像，首先根据显著性检测的相关模型检测出人们感兴趣的部分，然后结合图像分割方法对感兴趣区域进行分离，如图 1-2 所示。

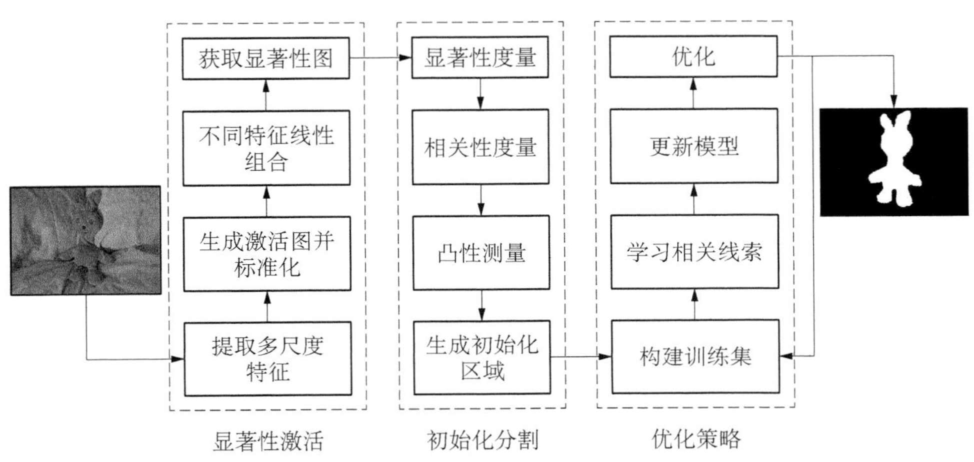

图 1-2 显著性模型在图像分割中的应用

4）显著性检测在行人检测方面的应用

行人检测及跟踪技术在视觉监控、行为动作语义、智能辅助驾驶、机器人控制等领域有极高的研究价值和广泛的应用前景，目前已有一些研究成果，但由于场景的不固定性及人体的固有特征，很多问题并没有得到实质解决，在对计算机视觉充分理解的前提下，研究表明可以借助于视觉注意力算法提取场景中感兴趣区域并对其进行分析，从而实现行人检测的目的。

第 2 章

视觉系统原理及设计

让计算机或机器人具有视觉是人类多年以来的梦想。计算机科学与机器人技术出现以后，人们试图用摄像机获取图像并转换成数字信号，用机器人的大脑——计算机实现对视觉信息处理，从而逐渐形成一门新兴的学科，即计算机视觉，它包括信息的获取、传输、处理、存储与理解。为便于理解，在此对计算机视觉控制中的部分概念予以简要介绍。

2.1 计算机视觉的基本概念

摄像机标定：对摄像机内部参数、外部参数进行求取的过程称为摄像机标定。通常摄像机的内部参数又称内参数，主要包括光轴中心点的图像坐标、成像平面坐标到图像坐标的放大系数（又称焦距归一化系数），是摄像机坐标系在参考坐标系中的表示，即摄像机坐标系与参考坐标系之间的变换矩阵。

视觉系统标定：对摄像机和机器人之间的关系确定称为视觉系统标定。例如，手眼系统标定，就是对摄像机坐标系和机器人坐标系之间关系的求取。

手眼系统：由摄像机和机械手构成的计算机视觉系统，摄像机安装在机械手末端并随机械手一起运动的视觉系统称为 eye-in-hand 式手眼系统；摄像机不安装在机械手末端，且摄像机不随机械手运动的视觉系统称为 eye-to-hand 式手眼系统。

视觉测量：根据摄像机获得的视觉信息对目标的位置和姿态进行的测量称为视觉测量。

视觉控制：根据视觉测量获得目标的位置和姿态，将其作为给定或者反馈对机器人的位置和姿态进行的控制称为视觉控制。简而言之，所谓视觉控制就是根据摄像机获得的视觉信息对机器人进行的控制。视觉信息除通常的位置和姿态外还包括对象的颜色、形状、尺寸等。

平面视觉：只对目标在平面内的信息进行测量的视觉系统称为平面视觉系统。平面视觉可以测量目标的二维位置信息以及目标的一维姿态。平面视觉一般采用一台摄像机，摄像机的标定比较简单。

立体视觉：对目标在三维笛卡儿空间内的信息进行测量的视觉系统称为立体视觉系统。立体视觉可以测量目标的三维位置信息以及目标的三维姿态。立体视觉一般采用两台摄像机，需要对摄像机的内外参数进行标定。

被动视觉：被动视觉采用自然测量，如双目视觉就属于被动视觉。

计算机视觉的应用大致上可以分成定位(location)、测量(measurement)、识别(recognition)和缺陷检测(defect inspection)四大类，其中缺陷检测通常是指对物品表面缺陷的检测，是采用先进的计算机视觉检测技术(一个计算机视觉算法包括两个阶段：第一阶段是采用合适的分割算法将输入图像中的目标图像与背景图像有效地分割，第二阶段采用一个有效的检测算法将目标检测出来)对工件表面的斑点、凹坑、划痕、色差、缺损等缺陷进行检测，有时缺陷检测也称故障检测或者故障诊断。缺陷检测常用方法为多元统计分析方法，主要包括数据图表示法、聚类分析、判别分析、回归分析和主成分分析等。主成分分析是研究将系统中原始的多个相关的指标变量简化成少数几个不相关的综合变量的一种多元统计方法，也称主分量分析。新的综合指标变量保留原始变量所包含的大部分信息，成为原指标的主成分，可用于降维。传统图像分析方法和多元图像分析方法的异同点如下：传统方法是从空间域和频域获得图像特征，而多元图像分析方法侧重从变量间，或者广义地称为“谱”间来提取图像特征，但从多元图像数据的展开和分析过程可以看到，多元图像分析是基于像素分析的，分析中没有考虑像素间的相邻关系，丢弃了像素位置空间信息。尺度空间理论基本思想是把原始的图像信息嵌入到一组由其导入的含有一个自由参数(尺度参数)的图像中去，使得这组图像是原始图像在多个尺度观测下的感知。线性尺度空间是最基础最简单的尺度空间，以高斯函数做核来和图像卷积生成多尺度空间是最简洁的线性尺度空间。高斯卷积是一种空间滤波器，图像与高斯核函数的卷积对图像进行相邻像素间的平滑处理，在滤波后的输出图像中包含相邻像素间的关系。因此在尺度空间，可以利用高斯多尺度表示来综合像素间的纹理信息，并构成多元图像数据进行多元图像分析。

在国内，随着科技技术的快速发展，对工业生产效率的要求逐渐提高，对产品的包装检测、表面缺陷、定位、识别等提出更高的要求，利用计算机视觉技术对产品质量检测是近年来研究的热点，在药品、食品、机械零件、电子产品和纺织产品等方面均有应用。通过计算机视觉技术设计一个有效的缺陷检测方案既可以减少产品原材料的浪费，也可以降低人的劳动成本，使得产品成本大幅度降低，缺陷检测研究的主要内容是特征提取以及特征模式分类。检测方法通常是提取产品缺陷的特征，根据缺陷特征情况诊断出结果。可以样本的缺陷特征作为分类器的训练数据，最终利用分类器对实际提取到的缺陷特征分类。计算机自动监测技术可以对缺陷进行分类，主要基于计算机视觉技术和支持向量机、小波变换、图像处理和统计等图像处理算法实现。

2.1.1　计算机视觉系统现状

国外计算机视觉系统的研究较早，E. Malamas 等综述了工业视觉检测系统的应用、系统组成和主要工业视觉应用方法、主要的系统硬件和软件等，并根据检测对象和过程的特征将检测应用分成尺寸质量、表面质量、结构质量和操作质量 4 种类型进行综述。M. Moganti 等综述了工业检测技术在 PCB 制造业中的应用，梁海平分析了计算机视觉检测技术在木材缺陷检测中的研究应用情况，徐赤等提出了智能视觉的饮料瓶封装缺陷检测的具体方法，胡林和根据获得图像的类型对计算机视觉检测的应用进行分类，如灰度图像、二值图像、彩色图像等，并给出每种类型的特定检测应用和特点。利用计算机视觉技术对产品质量检测的研究是近年来的热点，对产品的包装检测、表面缺陷、定位、识别等提出了更高的要求，在药品、视频、机械零件、电子产品、纺织产品等方面均有应用。研究的主要内容是特征选择与提取、特征模式分类。检测方法通常是提取产品的缺陷特征，根据特征情况诊断出结果。另外还可以利用样本的缺陷特征作为分类器的训练数据训练分类器，也可以通过制作模板将模板与实际物体图像对比检测缺陷，最终利用分类器对实际提取的缺陷特征进行分类。Zhenyuan Jia 等分析了热件的辐射特性改变图像识别方法，通过低通滤波器滤除红外线对 CCD 相机获取图像信息的辐射干扰，利用 Harr 角点检测器提取出热件特征点，依据特征点通过 3D 技术重造图像进行图像识别与测量，避免了直接测量高温物体的困难；Hao Shen 设计了一个新的照明图像识别系统，一幅图像中拍摄三个轴承，左右两个轴承用于检测变形缺陷，中间轴承用于检测靠近变形处的其他缺陷，采用 OTSU 阈值分割算法将中间轴承图像从背景分离，采用联通区域标记算法提取区块的特征，采用八连通邻域算法，将极坐标转化到笛卡儿坐标进行算法检测；Alberto Tellaeche 等提出两种方法：图像分割和决策指定。首先将图像分割成若干个大小相同的区域，提取每个区域的特征和属性，利用支持向量机（SVM）分类器对特征进行分析然后根据分析结果决定某个区域是否存在杂草。王煜等提出一种基于边缘跟踪的零件缺陷边缘智能检测算法，很好地检测到完整的缺陷边缘，为特征提取提供了高质量的缺陷边缘参数，采用基于支持向量机的分类识别算法，避免了神经网络算法中需要多样本和过度拟合的问题，通过对比分析选择合适于本系统的核函数，并运用基于交叉验证和网格搜索的参数选择方法找到核函数的最佳参数。华中理工大学罗玮等分别对瓷砖的色差分级所使用的分类器设计、实用在线尺寸检测方法及基于数学形态学的瓷砖缺陷检测进行研究，提取图像的二维色度直方图作为特征参数，在分类的具体操作中，采用分层分类的方式。在进行精确分类之前，使用图像的均值作为粗分类的依据，排除不可能的类，再用色度直方图进行细分类。他们还探讨了训练样本的修正以及特征参数与分类器的关系问题。戴哲敏等介绍了一种瓷砖表面颜色匀度的分析方法，在数字图像采集及图像处理基础上，利用提取的图像色彩特征值建立瓷砖表面颜色匀度的计算机视觉检测模型，对匀色瓷砖的颜色匀度采用灰度处理后的直方图、均方差和梯度法进行分析研究，并对各方法的优缺点进行理论分析及实验论证。

2.1.2　计算机视觉的具体应用技术

本节主要从图像预处理、特征选择与提取、特征分类三个方面对目前计算机视觉检测的方法进行分析总结。图像分割属于图像预处理部分，其本质是按照一定的准则，将图像划分成不同的区域，这些区域互不相交，区域内部具有相同或者相近的特性，而相邻区域之间具有不同的特性且被区域间的边界分开，主要方法分为阈值法、区域生长法、边缘检测法、人工神经网络法、可变模型法和基于模糊集理论的方法。图像预处理在特征提取之前，目的是将图像的噪声滤除，然后二值化再进行边缘检测；特征选择和特征提取是特征空间降维的两种途径，目的是将高维特征空间降低到低维特征空间。两者的主要区别是：特征选择是删除一些次要的特征空间，要解决的关键问题是如何确定特征的重要性，以及如何删选；特征提取是另一种使用变换的手段实现降维；特征分类是模式识别的核心问题，分类方法包括聚类、关系规则、贝叶斯方法、决策树、神经网络、SVM 等，同时 Kuldeep Agarwald 等提出了 PK－MSVM 算法，将图像传感器获得观测的缺陷数据转换成过程知识，提出在热轧中与钢体相关的三个缺陷属性：长宽比、纵向定位和横向定位，通过统计软件包(Hasitie's algorithm)设计 PK－MSVM 算法实现检测过程。计算机视觉系统是体现机器人智能的关键部分，传统的计算机视觉系统的实现主要靠以下几部分：①通过图像采集卡进行图像采集；②对摄像头进行标定；③对图像进行匹配，找到目标点在图像上的位置；④对图像进行三维求距，求取目标点的三维坐标；⑤通过串口发送数据。

本机器人智能相机安装在机械臂的小臂上，作为机器人计算物体坐标的“眼睛”。智能相机先把采集的图像通过网络传送设备传送到人工智能计算机。计算机接收到图像后进行分析处理，处理结果一方面送显示器显示，另一方面送嵌入式计算机进行其他操作。

2.2　双目立体视觉研究现状

2.2.1　国外研究现状

美国是到目前为止对双目立体视觉研究投入最大、最为深入的国家。华盛顿大学与微软公司合作为火星卫星“探测者”号研制宽基线立体视觉系统，使“探测者”号能在火星上对其即将跨越的几千米内的地形进行精确定位导航。系统使用同一个摄像枪在“探测者”的不同位置上拍摄图像，拍摄间距越大，基线越宽，能观测到越远的地貌。系统采用非线性优化得到两次拍摄图像时摄像枪的相对准确的位置，利用鲁棒性强的最大似然概率法结合高效的立体搜索进行图像匹配，得到亚像素精确度的视差，并根据此视差计算图像对中各点的三维坐标。

麻省理工学院计算机系提出一种新的用于智能交通工具的传感器融合方法，由雷达系统提供目标深度的大致范围，利用双目立体视觉提供粗略的目标深度信息，结合改进的图像分割算法，能够在高速环境下对视频图像中的目标位置进行分割，而传统的目标分割算法难以在高速实时环境中得到令人满意的结果。

日本大阪大学自适应机械系统研究院研制一种自适应双目视觉伺服系统。利用双目体视的原理，以每幅图像中相对静止的三个标志为参考，实时计算目标图像的雅可比矩阵，从而预测出目标下一步运动方向，实现对运动方式未知的目标的自适应跟踪，该系统仅要求两幅图像中都有静止的参考标志，无须摄像机参数。而传统的视觉跟踪伺服系统需事先知道摄像机的运动、光学等参数和目标的运动方式。

日本奈良科技大学信息科学学院提出一种基于双目立体视觉的增强现实系统注册方法，通过动态修正特征点的位置提高注册精确度。该系统将单摄像机注册与立体视觉注册相结合，利用三个标志点算出特征点在每个图像上的二维坐标和误差，利用图像对计算出特征点的三维位置总误差，反复修正特征点在图像对上的二维坐标，直至三维总误差小于某个阈值。

日本东京大学将实时双目立体视觉和机器人整体姿态信息集成，开发仿真

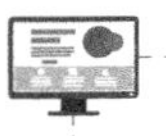

机器人动态行走导航系统。该系统的实现分两个步骤，首先利用平面分割算法分离所拍摄图像对中的地面与障碍物，再结合机器人躯体姿态的信息，将图像从摄像机的二维平面坐标系转换到描述躯体姿态的世界坐标系，建立机器人周围区域的地图；其次根据实时建立的地图进行障碍物检测，从而确定机器人的行走方向。

日本冈山大学使用立体显微镜、两个摄像机微操作器等研制使用立体显微镜控制微操作器的视觉反馈系统，用于对细胞进行操作，对种子进行基因注射和微装配等。

2.2.2 国内研究现状

我国的机器人立体视觉发展方兴未艾，无论是工业、农业，还是军事领域都显示出广阔的发展前景，国内的各个相关的研究机构也都取得一定的研究成果。

火星“863”计划课题“人体三维尺寸的非接触测量”采用“双视点投影光栅三维测量”原理，由双摄像机获取图像对，通过计算机进行图像数据处理，不仅可以获取服装设计所需的特征尺寸，还可根据需要获取人体图像上任意一点的三维坐标。该系统已通过中国人民解放军总后勤部军需部鉴定。可达到的技术指标如下：数据采集时间小于 5 秒/人；提供身高、胸围、腰围、臀围等围度的测量精确度不低于 1.0 cm。

浙江大学机械系完全利用透视成像原理，采用双目视觉方法实现对多自由度机械装置的动态精确位姿检测，仅需从两幅对应图像中抽取必要的特征点的三维坐标，信息量少，处理速度快，尤其适合于动态情况。与手眼系统相比，被测物的运动对摄像机没有影响，且不需要知道被测物的运动先验知识和限制条件，有利于提高检测精确度。

东南大学电子工程系基于双目立体视觉，提出一种灰度相关多峰值视差绝对值极小化立体匹配新方法，可对三维不规则物体，偏转线圈的三维空间坐标进行非接触精密测量。哈工大采用异构双目活动视觉系统实现全自主足球机器人导航，将一个固定摄像机和一个可以水平旋转的摄像机分别安装在机器人的顶部和中下部，可以同时监视不同方位视点，体现出比人类视觉优越的一面。通过合理的资源分配及协调机制，可使机器人在视野范围、测距精确度及处理速度方面达到最佳匹配。双目协调技术可使机器人同时捕捉多个有效目标，观测相同目标时通过数据融合，也可提高测量精确度。在实际比赛中其他传感器失效的情况下，仅仅依靠双目协调仍然可以实现全自主足球机器人导航。

双目立体视觉模块是系统中的重要模块，在此项目组封装在类 CVision 中，主要的功能函数如下：

CVision::OnActive()完成图像的显示，为系统显示实时采集来的图像；

CVision::OnSearch()完成目标物的搜索，为系统选择左视图中的目标点；

CVision::OnMatch()完成图像的匹配过程，为系统寻找右视图中对应的目标点。

由于三维求距功能是双目立体视觉模块中非常重要的部分，且求取算法不需要经常进行修改，故项目组利用动态链接链库 CoordinateCalculate 来封装此功能。可考虑在求取时只需调用内部的接口函数 LvDistance(m_dfR, m_dfT, m_dfKL, m_dfKR, m_dfML, m_dfMR, m_dfMatchPt, res, error)计算目标点的三维坐标。

机器人的手动控制界面封装在 CControlTestDlg 中，手动控制界面主要是实现机器人各个关节、车体的控制。其包括的子功能如下：手爪控制、关节控制、手臂方向控制以及车体控制，其中关节控制和手臂控制封装在类 CManipulator 中，CControlTestDlg 只需调用其接口函数；手爪控制和车体控制直接封装在 CControlTestDlg 中，遥操作（remote control）封装在类 CTeleoperation 中，串口通信则封装在类 CSerialPort 中，路径规划模块是首次在本水下焊接机器人中进行研究，算法路径规划封装在项目子程序中。

2.2.3　双目立体视觉模块

双目立体视觉模块是基于双目立体视觉基本原理，结合水下焊接机器人能够快速准确识别焊缝并处理的需求进行开发的。

双目立体视觉模块的目的是快速准确地计算焊接点相对机器人手爪的位置坐标。此模块在水下焊接机器人中的实现为安装在机械臂的小臂上的摄像头传回现场图像，操作员在后台只需在图像中标示出目标物，机械臂手爪便能自动定位到目标物位置，并启动机器手姿态的规划，发出遥控命令，焊枪一次到位成功，如图 2-1 所示。

基于本系统的特性对目标物进行精确定位，本模块的研究内容为图像采集与显示、摄像机离线标定、图像预处理、立体匹配和深度计算。

(1) 图像采集与显示　立体图像的采集是双目立体视觉的物质基础。图像采集的方式很多，主要取决于应用场合和目的。可利用两台性能相同、位置固定的摄像机从不同角度对同一景物进行拍摄获取图像。

(2) 摄像机离线标定　摄像机离线标定也称摄像机校准，其目的是建立有效的成像模型，并确定摄像机内外部属性参数，以便确定空间坐标系中物点与它

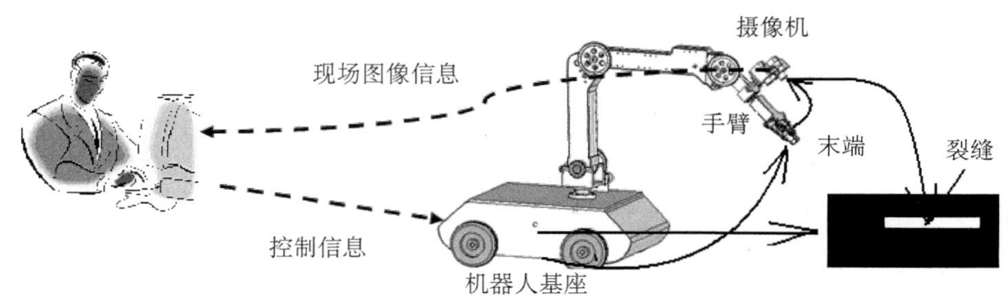

图 2－1　基于双目立体视觉的目标物自动焊接

在图像平面上像点之间的对应关系。

（3）图像预处理　图像预处理主要是消除由摄像头畸变、光照条件以及传输过程对图像引入的噪声。这样使之后的图像匹配精确度更高，从而提高本智能作业系统最终的定位精确度。

（4）立体匹配　立体匹配是立体视觉中最重要也是最困难的问题。立体视觉关键的部分是进行多幅视觉图像的对应点基元匹配问题，即立体视觉匹配，简称立体匹配，本系统所采用的双目立体匹配就是在两幅图像的匹配点或者匹配基元之间建立对应关系的过程，它是双目立体视觉系统的关键，也是本水下焊接机器人目标点准确求取的关键部分。

（5）三维求距　三维求距即深度计算是从二维灰度图像中获得目标点的三维深度信息。对于目标图像，可利用双目匹配得出共轭对的位置，结合经标定后的摄像机内外参数，以及摄像几何算法计算出基于双 CCD 成像的目标的深度信息。

基于双目立体视觉的自动焊接模式使机器人具有一定程度的“智能”，操作人员不需要单独去控制每个机械臂，只需给出高层次的作业需求，机械臂便会自主完成控制目标，从而提高水下焊接机器人的作业精确度以及作业效率。该“应用技术”的成功为今后全自动水下焊接机器人的问世奠定坚实基础。

2.3　双目立体视觉的数学模型

2.3.1　针孔成像原理

摄像机利用凸透镜成像原理，使空间某一物体在像平面上成像。实际的成像过程如图 2－2 所示。

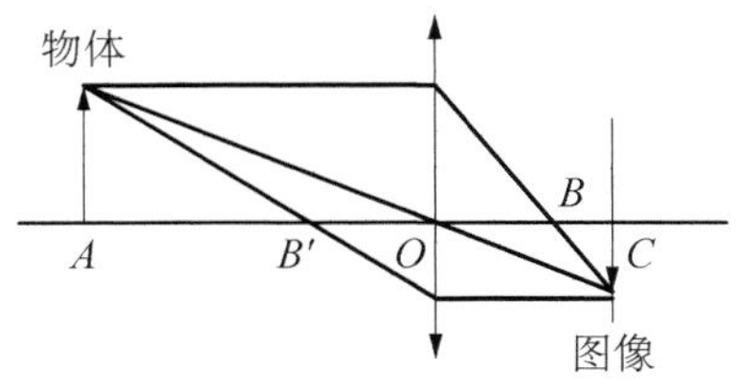

图 2 - 2　实际成像过程

在实际的成像过程中，$f=OB$ 为透镜的焦距，$m=OC$ 为像距，$n=OA$ 为物距，则有透镜成像公式：

$$\frac{1}{f}=\frac{1}{m}+\frac{1}{n} \tag{2-1}$$

在实际成像中，一般由于 $n \gg f$，于是有 $m \approx f$，这时可以将透镜成像模型近似地用针孔成像模型代替(见图 2 - 3)。

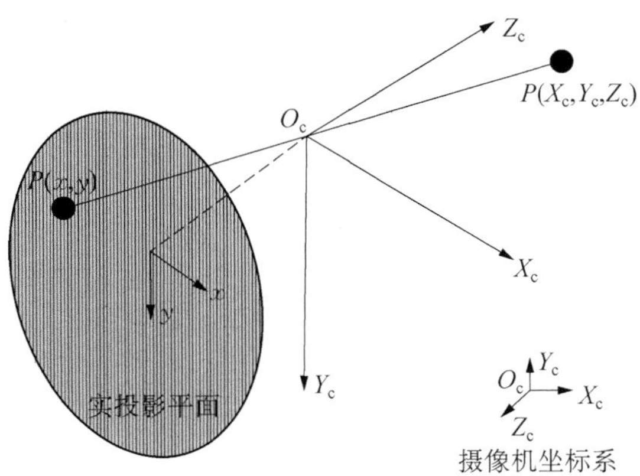

图 2 - 3　针孔成像模型

针孔成像是实际透镜成像过程的简化成像模型。在实际摄像机中，图像平面位于投影中心(所有来自场景中的光线均通过投影中心，对应透镜中心)后面距离为 f 的位置，其投影是倒立影像。为了方便，可把图像平面等效移至与物体同侧(见图 2 - 4)，这时投影图像为正向影像，图像平面称为投影正平面，这种投影关系可称为中心透视投影模型。

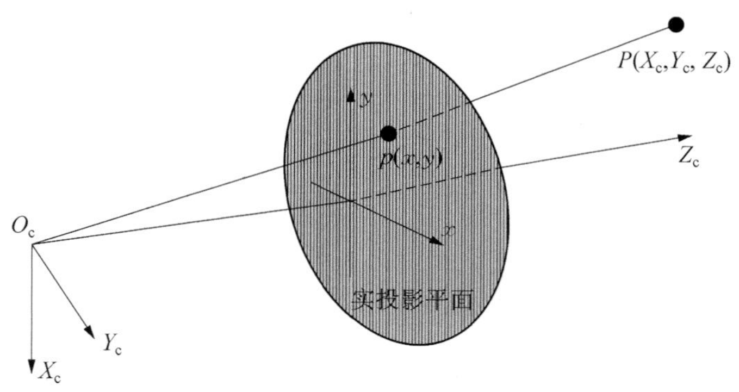

图 2-4　中心透视投影模型

2.3.2　成像过程中的坐标系

视觉系统的坐标系如图 2-5 所示，各坐标系分别为世界坐标系（三维）、摄像机坐标系（三维）、图像平面坐标系（二维）、图像像素坐标系（二维）。

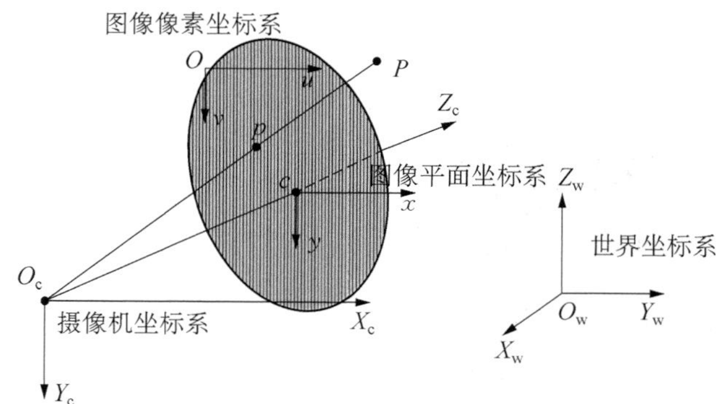

图 2-5　成像过程中的坐标系

1）世界坐标系

世界坐标系 $O_wX_wY_wZ_w$ 也称绝对坐标系或场景坐标系，用于表示场景点的绝对坐标。原点为 O_w，该坐标系的原点可以根据需要来选取。

$P(X_w, Y_w, Z_w)$代表场景点 P 在世界坐标系中的坐标。

2）摄像机坐标系

摄像机坐标系是以摄像机为中心的三维坐标系 $O_cX_cY_cZ_c$，将场景点表示为以摄像机为中心的数据形式。

原点 O_c 为摄像机枪的光心，或可以视为针孔成像过程中的小孔。Z_c 轴为摄像机的光学轴，X_c 轴和 Y_c 轴分别平行于成像平面的 X 轴和 Y 轴。

$P(X_c, Y_c, Z_c)$表示场景点 P 在摄像机坐标系中的坐标。

3）图像平面坐标系

图像平面坐标系是场景点在成像平面投影的二维坐标系 cxy。

原点为光轴与成像平面的交点 c（也称主点），x 轴和 y 轴可看作描述成像平面物理尺寸的 x 轴和 y 轴。

$p(x, y)$代表场景点 P 在图像平面上的投影点 p 的物理坐标。

另外需要注意的是，该处的成像平面并不是实际的成像平面，而是实际的成像平面相对于光心 O_c 的对称平面，相当于针孔成像中的“正平面”。

4）图像像素坐标系

图像像素坐标系表示图像阵列中图像像素的坐标系统 ouv，原点 O 位于图像的左上角，往右为 u 轴，往下为 v 轴。

数字图像最终由计算机内的存储器存放，所以要将像平面中像点的物理坐标转换到计算机像素坐标系中。

$p'(u, v)$代表场景点 P 在图像平面上的投影点 p 的像素坐标。

2.3.3　线性成像模型

摄像机的成像模型是指从三维空间中的物体到像点的二维像素坐标的投影关系，其场景点 P 与投影点 p 在各坐标系下的关系情况如图 2－6 所示。

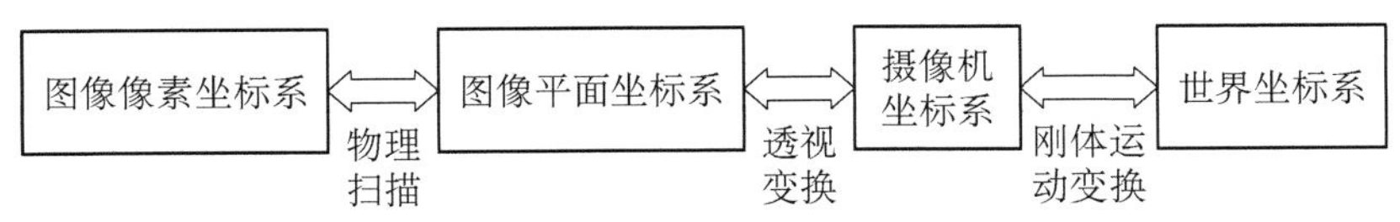

图 2－6　线性成像过程

(1) 世界坐标系中的场景点坐标 $P(X_w, Y_w, Z_w)$到摄像机坐标系中的场景点坐标 $P(X_c, Y_c, Z_c)$。

世界坐标系和摄像机坐标系之间的关系可以由旋转矩阵 $\boldsymbol{R}$ 和平移向量 $\boldsymbol{T}$ 描述，因而有下式：

$$\begin{bmatrix} X_c \\ Y_c \\ Z_c \end{bmatrix} = \boldsymbol{R} \begin{bmatrix} X_w \\ Y_w \\ Z_w \end{bmatrix} + \boldsymbol{T} \tag{2-2}$$

式中，$\boldsymbol{R}$ 为旋转矩阵（3×3 标准正交矩阵）；$\boldsymbol{T}$ 为平移向量（3×1 列向量）。

用齐次坐标可表示为

$$\begin{bmatrix} X_c \\ Y_c \\ Z_c \\ 1 \end{bmatrix} = \begin{bmatrix} \boldsymbol{R} & \boldsymbol{T} \\ \boldsymbol{0}^{\mathrm{T}} & 1 \end{bmatrix} \begin{bmatrix} X_w \\ Y_w \\ Z_w \\ 1 \end{bmatrix} \tag{2-3}$$

（2）摄像机坐标系中的物点坐标 $P(X_c, Y_c, Z_c)$ 到图像平面坐标系中的像点坐标 $p(x, y)$。如图（2-4）所示的中心透视投影，根据三角形相似可得

$$\begin{cases} x = f\dfrac{X_c}{Z_c} \\ y = f\dfrac{Y_c}{Z_c} \end{cases} \tag{2-4}$$

式中，f 为有效焦距，为投影面到透镜中心的距离。

把上述关系写成齐次坐标形式为

$$\begin{bmatrix} x \\ y \\ 1 \end{bmatrix} = \begin{bmatrix} \dfrac{f}{Z_c} & 0 & 0 & 0 \\ 0 & \dfrac{f}{Z_c} & 0 & 0 \\ 0 & 0 & \dfrac{1}{Z_c} & 0 \end{bmatrix} \begin{bmatrix} X_c \\ Y_c \\ Z_c \\ 1 \end{bmatrix} \tag{2-5}$$

$\begin{bmatrix} x \\ y \\ 1 \end{bmatrix}$ 与 $\begin{bmatrix} X_c \\ Y_c \\ Z_c \\ 1 \end{bmatrix}$ 之间并非确定性关系，它们之间的关系与 Z_c 有关，如下：

$$\begin{bmatrix} x \\ y \\ 1 \end{bmatrix} = \frac{1}{Z_c} \begin{bmatrix} f & 0 & 0 & 0 \\ 0 & f & 0 & 0 \\ 0 & 0 & 1 & 0 \end{bmatrix} \begin{bmatrix} X_c \\ Y_c \\ Z_c \\ 1 \end{bmatrix} \tag{2-6}$$

（3）图像平面坐标系中的像点坐标 $p(x, y)$ 到图像像素坐标 $p'(u, v)$。经过摄像机 CCD 传感器的物理扫描过程和模数转换，便将光学信息转换为数字图像存储在计算机中。在该转换过程中，$p'(u, v)$ 为以像素描述的像点的坐标，

$p(x, y)$为以物理尺寸描述的像点的坐标，有如下关系：

$$\begin{cases} u = \dfrac{1}{d_x}(x + \alpha_c y) + u_0 \\ v = \dfrac{y}{d_y} + v_0 \end{cases} \tag{2-7}$$

式中，d_x 为一个像素在 x 方向上的物理尺寸；d_y 为一个像素在 y 方向上的物理尺寸；(u_0, v_0)为主点 c 的像素坐标；α_c 为变形因子，与 u，v 像素轴的角度有关。

用齐次坐标表示如下：

$$\begin{bmatrix} u \\ v \\ 1 \end{bmatrix} = \frac{1}{Z_c} \begin{bmatrix} \dfrac{1}{d_x} & \dfrac{\alpha_c}{d_x} & u_0 \\ 0 & \dfrac{1}{d_y} & v_0 \\ 0 & 0 & 1 \end{bmatrix} \begin{bmatrix} x \\ y \\ 1 \end{bmatrix} \tag{2-8}$$

(4) 世界坐标系中场景点坐标 $P(X_w, Y_w, Z_w)$到投影点 p 图像像素坐标 $p'(u, v)$的完整转换。

$$\begin{bmatrix} u \\ v \\ 1 \end{bmatrix} = \frac{1}{Z_c} \begin{bmatrix} \dfrac{1}{d_x} & \dfrac{\alpha_c}{d_x} & u_0 \\ 0 & \dfrac{1}{d_x} & v_0 \\ 0 & 0 & 1 \end{bmatrix} \begin{bmatrix} f & 0 & 0 & 0 \\ 0 & f & 0 & 0 \\ 0 & 0 & 1 & 0 \end{bmatrix} \begin{bmatrix} \boldsymbol{R} & \boldsymbol{T} \\ \boldsymbol{0}^{\mathrm{T}} & 1 \end{bmatrix} \begin{bmatrix} X_w \\ Y_w \\ Z_w \\ 1 \end{bmatrix} \tag{2-9}$$

可得

$$\begin{bmatrix} u \\ v \\ 1 \end{bmatrix} = \frac{1}{Z_c} \begin{bmatrix} \dfrac{f}{d_x} & \dfrac{f\alpha_c}{d_x} & u_0 \\ 0 & \dfrac{f}{d_y} & v_0 \\ 0 & 0 & 1 \end{bmatrix} \begin{bmatrix} \boldsymbol{R} & \boldsymbol{T} \\ \boldsymbol{0}^{\mathrm{T}} & 1 \end{bmatrix} \begin{bmatrix} X_w \\ Y_w \\ Z_w \\ 1 \end{bmatrix} \tag{2-10}$$

令 $f_x = \dfrac{f}{d_x}$ 为焦距 f 在水平方向的像素距离，$f_y = \dfrac{f}{d_y}$ 为焦距 f 在垂直方向的像素距离，则式(2-10)可写为

$$\begin{bmatrix} u \\ v \\ 1 \end{bmatrix} = \frac{1}{Z_c} \begin{bmatrix} f_x & \alpha_c f_x & u_0 \\ 0 & f_y & v_0 \\ 0 & 0 & 1 \end{bmatrix} \begin{bmatrix} \boldsymbol{R} & \boldsymbol{T} \\ \boldsymbol{0}^{\mathrm{T}} & 1 \end{bmatrix} \begin{bmatrix} X_w \\ Y_w \\ Z_w \\ 1 \end{bmatrix} \tag{2-11}$$

$$\begin{bmatrix} u \\ v \\ 1 \end{bmatrix} = \frac{1}{Z_c} \boldsymbol{A} \begin{bmatrix} \boldsymbol{R} & \boldsymbol{T} \\ \boldsymbol{0}^{\mathrm{T}} & 1 \end{bmatrix} \begin{bmatrix} X_w \\ Y_w \\ Z_w \\ 1 \end{bmatrix} \tag{2-12}$$

式中，$\boldsymbol{A} = \begin{bmatrix} f_x & \alpha_c f_x & u_0 \\ 0 & f_y & v_0 \\ 0 & 0 & 1 \end{bmatrix}$ 为内部参数，只与摄像机内部结构有关；一般情况下，摄像机的 x 像素轴与 y 像素轴的夹角为 90°，即相互垂直，这时变形因子 $\alpha_c = 0$，则可以把内参数矩阵简化为

$$\boldsymbol{A} = \begin{bmatrix} f_x & 0 & u_0 \\ 0 & f_y & v_0 \\ 0 & 0 & 1 \end{bmatrix} \tag{2-13}$$

旋转矩阵 $\boldsymbol{R}$ 和平移向量 $\boldsymbol{T}$ 为外部参数，由摄像机相对于世界坐标系的方位决定，确定某一摄像机的内外参数，称为摄像机标定。

由式(2-13)可见，如果已知摄像机的内外参数，对任何空间点 P，如已知它的齐次坐标 $\boldsymbol{X}_w = (X_w, Y_w, Z_w, 1)^{\mathrm{T}}$，就可以求出它的图像点 p 的像素位置 (u, v)，这是因为在已知内参数矩阵、旋转矩阵、平移向量与 $\boldsymbol{X}_w$ 时，式(2-11)给出三个方程，在这三个方程中消去 Z_c，就可以求出(u, v)。反过来，如果已知空间某点 P 的图像点 p 的像素位置(u, v)，即使已知摄像机内外参数，$\boldsymbol{X}_w$ 也是不能唯一确定的。事实上，在式(2-12)中，已知内外参数与(u, v)时，由式(2-12)给出的三个方程中消去 Z_c，只可得到关于 X_w，Y_w，Z_w 的两个线性方程，由这两个线性方程组成的方程组即为射线 OP 的方程，也就是说，投影点为 p 的所有点均在该射线上，其物理意义可由图 2-1 看出，当已知图像点 p 时，由针孔模型，任何位于射线 OP 上的空间点的投影点都是 p 点，因此，该空间点是不能唯一确定的。

2.4　摄像机非线性模型

由于实际的摄像机镜头都带着不同程度的畸变，线性模型并不能很准确地描述摄像机的成像几何关系，尤其是在使用广角镜头时，在远离图像中心处会有较大的畸变。因而在对计算精确度要求较高时，需要对摄像头的畸变进行建模，用非线性模型来描述。

2.4.1　径向畸变与切向畸变

在实际的摄像机光学成像系统中，物点在摄像机成像平面上实际所成的像与线性成像模型下理想的成像之间存在着光学畸变误差。主要的畸变类型有两种：径向畸变和切向畸变，如图 2－7 所示。

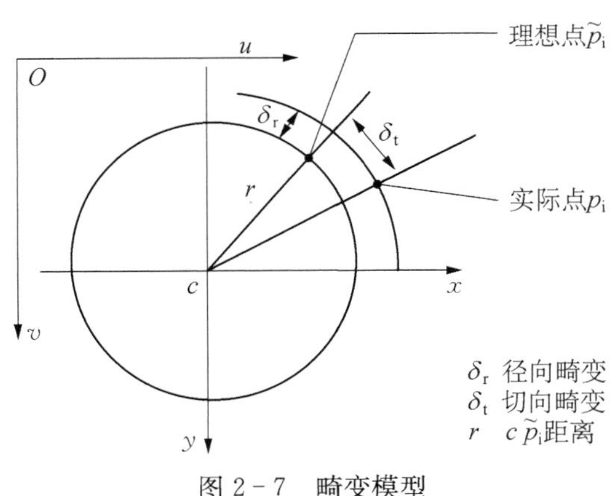

图 2－7　畸变模型

1）**径向畸变**

径向畸变主要是由镜头形状引起的，是起主导作用的畸变类型，能引入径向偏差。径向畸变关于摄像机镜头的主光轴对称，可以分为正向畸变（枕形畸变）和负向畸变（桶形畸变）。径向畸变 δ_r 可分解为在 x 方向和 y 方向上的两个分量 δ_{r_x} 和 δ_{r_y}，可描述为

$$\begin{aligned}\delta_{r_x} &= \tilde{x}_i(k_1r^2 + k_2r^4 + k_3r^6 + \cdots)\\ \delta_{r_y} &= \tilde{y}_i(k_1r^2 + k_2r^4 + k_3r^6 + \cdots)\end{aligned} \tag{2-14}$$

式中，$r=\sqrt{\tilde{x}_i^2+\tilde{y}_i^2}$ 为像平面坐标系中主点 c 与理想像点 $\tilde{p}_i$ 之间的距离；$\tilde{x}_i$ 和 $\tilde{y}_i$

为理想像点 $\tilde{p}_i$ 在图像平面坐标系中的坐标；k_1，k_2，k_3 为径向畸变参数。

2）切向畸变

切向畸变一般由偏心畸变和薄棱镜畸变引起。其中，偏心畸变是由光学系统光心与几何中心不一致造成的，即镜头器件的光学中心不能严格共线，这类畸变一般既能引起径向偏差，又能引起切向偏差；薄棱镜畸变是由于镜头设计缺陷和加工安装误差所造成的，如镜头与摄像机像面有很小的倾角等，这类畸变相当于在光学系统中附加一个薄棱镜，不仅会引起径向偏差，而且引起切向误差。总的切向畸变为 δ_t，其在 x 方向和 y 方向上的两个分量 δ_{t_x} 和 δ_{t_y} 可描述为

$$\begin{aligned}\delta_{t_x} &= 2p_1\tilde{x}_i\tilde{y}_i + p_2(3\tilde{x}_i^2 + \tilde{y}_i^2) + s_1(\tilde{x}_i^2 + \tilde{y}_i)\\ \delta_{t_y} &= p_1(3\tilde{x}_i^2 + \tilde{y}_i^2) + 2p_2\tilde{x}_i\tilde{y}_i + s_2(\tilde{x}_i^2 + \tilde{y}_i^2)\end{aligned} \tag{2-15}$$

式中，p_1 和 p_2 为偏心畸变参数；s_1 和 s_2 为薄棱镜畸变参数。

2.4.2 非线性成像过程

在摄像机的非线性成像模型中，一般只需要考虑第一项和第二项径向畸变以及偏心畸变就已经足够，因为引入过多的非线性参数，往往不仅不能提高解的精确度，反而会引起解的不稳定性。此处仅采用第一项和第二项径向畸变以及偏心畸变，结合在前一节所叙述的线性成像模型，描述完整的摄像机的非线性成像过程。

可做以下约定：p_i 为实际的像点，是经过畸变后观测到的像点；$(x_i,\ y_i)$ 为 p_i 点的实际图像平面坐标；$(u,\ v)$ 为 p_i 点的实际图像像素坐标，能观测到；$\tilde{p}_i$ 为理想的像点，未经过畸变，不能观测到；$(\tilde{x}_i,\ \tilde{y}_i)$ 为 $\tilde{p}_i$ 点的图像平面坐标；$(\tilde{u},\ \tilde{v})$ 为 $\tilde{p}_i$ 点的图像像素坐标，不能观测到。

摄像机的非线性成像过程可以分为两部分：一部分是线性映射，由 P_i 点的三维坐标映射到理想的像点 $\tilde{p}_i$ 的图像坐标；另一部分为成像过程中的非线性变换，即由理想的像点 $\tilde{p}_i$ 到实际的像点 p_i 的变换。

对于成像过程中的非线性变换，如图 2－7 所示，可以描述为

$$\begin{aligned}x_i &= \tilde{x}_i + \delta_{r_x} + \delta_{t_x} = \tilde{x}_i + \tilde{x}_i(k_1r^2 + k_2r^4) + 2p_1\tilde{x}_i\tilde{y}_i + p_2(3\tilde{x}_i^2 + \tilde{y}_i^2)\\ &= (1 + k_1r^2 + k_2r^4)\tilde{x}_i + 2p_1\tilde{x}_i\tilde{y}_i + p_2(3\tilde{x}_i^2 + \tilde{y}_i^2)\\ y_i &= \tilde{y}_i + \delta_{r_y} + \delta_{t_y} = \tilde{y}_i + \tilde{y}_i(k_1r^2 + k_2r^4) + p_1(3\tilde{x}_i^2 + \tilde{y}_i^2) + 2p_2\tilde{x}_i\tilde{y}_i\\ &= (1 + k_1r^2 + k_2r^4)\tilde{y}_i + p_1(3\tilde{x}_i^2 + \tilde{y}_i^2) + 2p_2\tilde{x}_i\tilde{y}_i\end{aligned} \tag{2-16}$$

根据式(2-16),则可以分别得到理想投影点与实际投影点的图像像素坐标。

另外,对于成像过程中的线性映射,即由 P_i 点的三维坐标到理想的像点 $\widetilde{p}_i$ 的图像像素坐标的映射需修改为

$$\begin{bmatrix}\widetilde{u}\\ \widetilde{v}\\ 1\end{bmatrix}=\frac{1}{Z_c}\begin{bmatrix}f_x & 0 & u_0\\ 0 & f_y & v_0\\ 0 & 0 & 1\end{bmatrix}\begin{bmatrix}\boldsymbol{R} & \boldsymbol{T}\end{bmatrix}\begin{bmatrix}X_w\\ Y_w\\ Z_w\\ 1\end{bmatrix} \tag{2-17}$$

式(2-13)～式(2-17)代表完整的摄像机非线性成像过程。

2.4.3　归一化坐标的引入

以上描述的非线性成像过程虽然代表真实的物理成像过程,但是由于 P 点的三维坐标未知,导致数学处理有些麻烦。为便于数学上的处理和对参数进行估计的方便,此处引入像点图像平面坐标系下的归一化坐标以取代像点的图像平面坐标,$(\widetilde{x}_n, \widetilde{y}_n)$则相应地代表理想像点的归一化坐标。对于归一化坐标,定义如下:

$$\begin{bmatrix}\widetilde{x}_n\\ \widetilde{y}_n\\ 1\end{bmatrix}=\frac{1}{Z_c}\begin{bmatrix}X_c\\ Y_c\\ Z_c\end{bmatrix} \tag{2-18}$$

由式(2-18)可知

$$\begin{cases}\widetilde{x}_n=\dfrac{X_c}{Z_c}\\ \widetilde{y}_n=\dfrac{Y_c}{Z_c}\end{cases} \tag{2-19}$$

使用归一化坐标相当于摄像焦距等于 1,其后推导过程中的图像平面坐标都是指归一化坐标$\left(\dfrac{X_c}{Z_c}, \dfrac{Y_c}{Z_c}\right)$。归一化坐标引入的好处是,其与图像像素坐标之间的映射关系直接由内参数矩阵 $\boldsymbol{A}$ 确定,则有

$$\begin{bmatrix}\widetilde{u}\\ \widetilde{v}\\ 1\end{bmatrix}=\begin{bmatrix}f_x & 0 & u_0\\ 0 & f_y & v_0\\ 0 & 0 & 1\end{bmatrix}\begin{bmatrix}\widetilde{x}_n\\ \widetilde{y}_n\\ 1\end{bmatrix}=\boldsymbol{A}\begin{bmatrix}\widetilde{x}_n\\ \widetilde{y}_n\\ 1\end{bmatrix} \tag{2-20}$$

$$\begin{bmatrix} u \\ v \\ 1 \end{bmatrix} = \begin{bmatrix} f_x & f_x\alpha_c & v_0 \\ 0 & f_y & v_0 \\ 0 & 0 & 1 \end{bmatrix} \begin{bmatrix} x_n \\ y_n \\ 1 \end{bmatrix} = \boldsymbol{A} \begin{bmatrix} x_n \\ y_n \\ 1 \end{bmatrix} \tag{2-21}$$

同时，利用归一化坐标并不改变非线性畸变的形式，仍有非线性畸变式成立如下：

$$\begin{aligned} x_n &= \tilde{x}_n + \delta_{r_x} + \delta_{t_x} = (1 + k_{c1} r^2 + k_{c2} r^4)\tilde{x}_n + 2k_{c3}\tilde{x}_n\tilde{y}_n + k_{c4}(3\tilde{x}_n^2 + \tilde{y}_n^2) \\ y_n &= \tilde{y}_n + \delta_{r_y} + \delta_{t_y} = (1 + k_{c1} r^2 + k_{c2} r^4)\tilde{y}_n + k_{c3}(3\tilde{x}_n^2 + \tilde{y}_n^2) + 2k_{c4}\tilde{x}_n\tilde{y}_n \end{aligned} \tag{2-22}$$

式中，$k_{c1} = f^3 k_1$；$k_{c2} = f^5 k_2$；$k_{c3} = f^2 p_1$；$k_{c4} = f^2 p_2$。

后面推导过程中采用的图像平面坐标均为归一化坐标，在标定中，只需要估计参数 k_{c1}，k_{c2}，k_{c3}，k_{c4} 作为摄像机的畸变参数。

归一化坐标比图像平面坐标在数学上更容易处理。例如，利用图像像素坐标和内参数矩阵 $\boldsymbol{A}$ 便可以直接求得归一化坐标；但若要利用图像像素坐标求图像平面坐标，则还要对内参数矩阵 $\boldsymbol{A}$ 进行分解。归一化坐标在数学处理上的这种优点给摄像机的参数估计带来很大方便。

使用归一化坐标，摄像机的非线性成像过程可以描述为如图 2－8 所示。

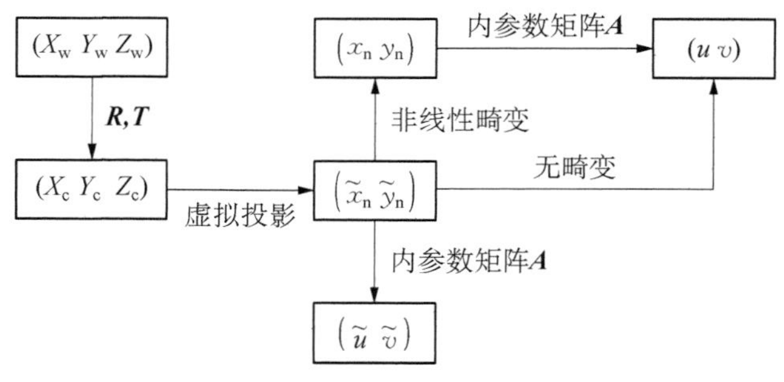

图 2－8　非线性成像过程

2.4.4　完整的非线性成像数学模型

根据以上分析，可总结出完整和真正采用的非线性成像数学模型，作为本节分析计算的依据和基础。成像过程如图 2－8 所示。

可做如下约定：$[X_w \quad Y_w \quad Z_w]^T$ 为物点在世界坐标系中的三维坐标，$[u \quad v]^T$ 与 $[\tilde{u} \quad \tilde{v}]^T$ 为实际像点和理想像点的图像像素坐标，$[x_n \quad y_n]^T$ 与

$[\tilde{x}_n \quad \tilde{y}_n]^T$ 为实际像点和理想像点的归一化坐标。

数学描述如下：

$$\begin{bmatrix}\tilde{x}_n\\ \tilde{y}_n\\ 1\end{bmatrix}=\frac{1}{Z_c}[\boldsymbol{R} \quad \boldsymbol{T}]\begin{bmatrix}X_w\\ Y_w\\ Z_w\\ 1\end{bmatrix} \tag{2-23}$$

$$\begin{aligned} x_n &= \tilde{x}_n+\delta_{r_x}+\delta_{t_x}=(1+k_{c1}r^2+k_{c2}r^4)\tilde{x}_n+2k_{c3}\tilde{x}_n\tilde{y}_n+k_{c4}(3\tilde{x}_n^2+\tilde{y}_n^2)\\ y_n &= \tilde{y}_n+\delta_{r_y}+\delta_{t_y}=(1+k_{c1}r^2+k_{c2}r^4)\tilde{y}_n+k_{c3}(3\tilde{x}_n^2+\tilde{y}_n^2)+2k_{c4}\tilde{x}_n\tilde{y}_n \end{aligned} \tag{2-24}$$

$$\begin{bmatrix}u\\ v\\ 1\end{bmatrix}=\boldsymbol{A}\begin{bmatrix}x_n\\ y_n\\ 1\end{bmatrix} \tag{2-25}$$

式中，$[\boldsymbol{R} \quad \boldsymbol{T}]$为摄像机的外参数；$k_{c1}$，$k_{c2}$，$k_{c3}$，$k_{c4}$ 为摄像机非线性畸变内参数；$\boldsymbol{A}=\begin{bmatrix}f_x & \alpha_c f_x & u_0\\ 0 & f_y & v_0\\ 0 & 0 & 1\end{bmatrix}$ 为摄像机线性内参数矩阵。

2.5　双摄像机立体视觉模型

双摄像机立体视觉指的是用两台性能相似、位置固定的摄像机获取同一景物的图像，根据场景中的物点在两摄像机中像点的图像坐标计算出物点的三维坐标。

令世界坐标系与左摄像机坐标系重合无旋转，则两摄像机的外参数分别为

$$[\boldsymbol{R} \quad \boldsymbol{T}]^{i\theta t}=[\boldsymbol{I} \quad \boldsymbol{0}] \tag{2-26}$$

式中，$[\boldsymbol{R} \quad \boldsymbol{T}]^{i\theta t}$ 为单位矩阵，其中 θ 和 t 分别表示角度和时间。

$$[\boldsymbol{R} \quad \boldsymbol{T}]^{R}=[\boldsymbol{R} \quad \boldsymbol{T}] \tag{2-27}$$

$[\boldsymbol{R} \quad \boldsymbol{T}]$为左摄像机坐标系相对于右摄像机坐标系的旋转和平移矩阵，场景中 P 点在左摄像机坐标系中的坐标为(X_l, Y_l, Z_l)，在右摄像机坐标系中的坐标为(X_r, Y_r, Z_r)。

2.5.1 三维坐标的几何求解

在得到左右摄像机的内参数$\{A^L \quad k_{c1}^L \quad k_{c2}^L \quad k_{c3}^L \quad k_{c4}^L\}$,$\{A^R \quad k_{c1}^R \quad k_{c2}^R \quad k_{c3}^R \quad k_{c4}^R\}$和双目立体视觉系统的外参数$\{\boldsymbol{R} \quad \boldsymbol{T}\}$后，便很容易利用空间某物点(目标点)分别在左右摄像机成像得到的图像坐标m^L和m^R计算出该物点在左右摄像机坐标系中的三维坐标，利用几何方法进行三维坐标的计算，由图像m^L和m^R及相机的内外参数可获取左右投影点与摄像机光心的射线方程，然后由两条射线方程计算以公垂线中点作为目标点的三维坐标，计算过程如图 2-9 所示。

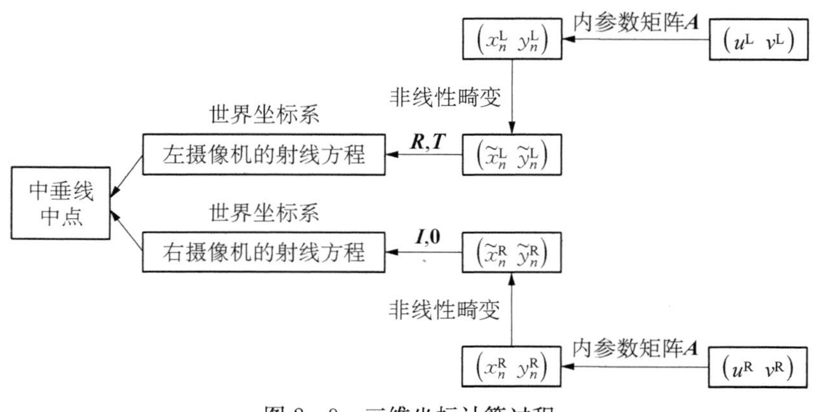

图 2-9 三维坐标计算过程

2.5.2 理想投影点的归一化坐标

本节目的为根据摄像机内参数矩阵及畸变参数求出理想投影点的图像平面坐标的归一化坐标，这样才能应用线性成像模型进行分析。由前面章节所述，引入归一化坐标的好处是其与图像像素坐标之间的映射关系直接由内参数矩阵 $\boldsymbol{A}$ 确定，而且理想投影点的归一化图像平面坐标与三维坐标的关系更为直接(相当于焦距为 1)，所以在三维坐标的计算过程中，理想投影点归一化坐标的求解至为关键。下面为求解理想投影点归一化图像平面坐标的步骤。

(1) 令 $\boldsymbol{x}_n$ 为理想投影点归一化坐标向量。

$$\boldsymbol{x}_n = \begin{bmatrix} \dfrac{X_c}{Z_c} \\ \dfrac{Y_c}{Z_c} \end{bmatrix} = \begin{bmatrix} x_n \\ y_n \end{bmatrix} \tag{2-28}$$

令 $r^2=x_n^2+y_n^2$，根据第 2.4 节讨论的摄像机的非线性模型，考虑径向畸变和切向畸变，实际投影点的归一化坐标向量 $\boldsymbol{x}_d$ 可表示为

$$\boldsymbol{x}_d=\begin{bmatrix}x_d\\y_d\end{bmatrix}=(1+k_{c1}r^2+k_{c2}r^4)\boldsymbol{x}_n+\boldsymbol{d}_x \tag{2-29}$$

$$\boldsymbol{d}_x=\begin{bmatrix}2k_{c3}x_ny_n+k_{c4}(r^2+2x_n^2)\\k_{c3}(r^2+2y_n^2)+(2k_{c4}x_ny_n)\end{bmatrix} \tag{2-30}$$

式中，$\boldsymbol{d}_x$ 为切线方向畸变向量；k_{c1}，k_{c2}，k_{c3}，k_{c4} 为镜头畸变系数。把式(2-29)和式(2-30)代入式(2-7)可得投影点的实际图像像素坐标$(u_d,\ v_d)$如下式：

$$\begin{cases}u_d=f_xx_d+f_x\alpha_cy_d+u_0\\v_d=f_yy_d+v_0\end{cases} \tag{2-31}$$

(2) $\boldsymbol{x}_n$ 的求解过程。

在三维计算的实际操作中，获得的投影点的图像像素坐标是经过畸变后的实际图像像素坐标，需要根据实际图像像素坐标得到理想投影点归一化的图像平面坐标向量，以便于后面的几何求距。

由式(2-23)至式(2-31)，根据标定所得出的镜头畸变系数，利用迭代法，可以由$(u_d,\ v_d)$求得 $\boldsymbol{x}_n$，具体步骤如下：

首先求得

$$\begin{cases}x_d=\dfrac{\dfrac{u_d-u_0-\alpha_c(v_d-v_0)}{f_y}}{f_x}\\[2ex]y_d=\dfrac{v_d-v_0}{f_y}\end{cases} \tag{2-32}$$

由$(x_d,\ y_d)$经过迭代函数式(2-31)可得 $\boldsymbol{x}_n=(x_n\quad y_n)^{\mathrm{T}}$，则有

$$\begin{cases}x_n^{(k+1)}=\dfrac{x_d-2k_{c3}x_n^{(k)}y_n^{(k)}-k_{c4}(r^{2(k)}+2x_n^{(k)}x_n^{(k)})}{(1+k_{c1}r^{2(k)}+k_{c2}r^{2(k)}r^{2(k)})}\\[2ex]y_n^{(k+1)}=\dfrac{y_d-k_{c3}(r^{2(k)}+2y_n^{(k)}y_n^{(k)})-2k_{c4}x_n^{(k)}y_n^{(k)}}{1+k_{c1}r^{2(k)}+k_{c2}r^{2(k)}r^{2(k)}}\end{cases} \tag{2-33}$$

2.5.3　几何求距

三维计算的目的是根据场景中的物点在两摄像机中像点的图像像素坐标计

算出物点的三维坐标，即根据 O_1，p_1，O_r，p_r 四点的空间位置求直线 O_1p_1 与 O_rp_r 的交点 P 的空间位置，因为摄像机模型和投影点的近似误差，两台摄像机的投影线 O_1p_1 和 O_rp_r 并没有在数学三维空间相交于一点，最好的解决方案是计算这两条空间异面投影线之间的最短距离，也就是计算它们公垂线段的长度。如果公垂线比较短，可取公垂线的中点作为两条投影线的交点，定为 (X, Y, Z)。如果公垂线太长，那么就断定在进行像点对应计算时会出现问题。如图 2-10 所示，直线 $\boldsymbol{P}_r\boldsymbol{P}_1$ 为射线 $\boldsymbol{O}_1\boldsymbol{P}_1$ 与 $\boldsymbol{O}_r\boldsymbol{P}_r$ 的公垂线。

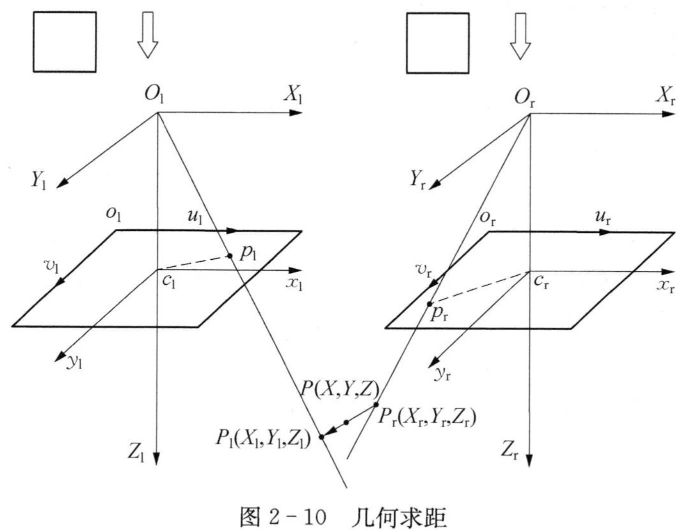

图 2-10　几何求距

令世界坐标系与右摄像机坐标系重合无旋转，则两摄像机的外参数分别如下：$[\boldsymbol{R}\quad \boldsymbol{T}]^{\mathrm{R}}=[\boldsymbol{I}\quad 0]$，$\boldsymbol{I}$ 为单位矩阵，$[\boldsymbol{R}\quad \boldsymbol{T}]^{\mathrm{L}}=[\boldsymbol{R}\quad \boldsymbol{T}]$，$[\boldsymbol{R}\quad \boldsymbol{T}]$ 为右摄像机坐标系相对于左摄像机坐标系的旋转和平移矩阵，场景中 P 点在左摄像机坐标系中的坐标为 (X_1, Y_1, Z_1)，在右摄像机坐标系中的坐标为 (X_r, Y_r, Z_r)，则各向量在右摄像机坐标系中的定义如下式所示，令 $\boldsymbol{x}_1=\left(\dfrac{X_1}{Z_1}\quad \dfrac{Y_1}{Z_1}\quad 1\right)^{\mathrm{T}}$，$\boldsymbol{x}_r=\left(\dfrac{X_r}{Z_r}\quad \dfrac{Y_r}{Z_r}\quad 1\right)^{\mathrm{T}}$ 在世界坐标系（即右摄像机坐标系）下的解析过程如下：

$$\boldsymbol{O}_1\boldsymbol{P}_1=\boldsymbol{O}_1\boldsymbol{p}_1=(\boldsymbol{R}\boldsymbol{x}_1Z_1+\boldsymbol{T})-(\boldsymbol{R}(0\quad 0\quad 0)^{\mathrm{T}}+\boldsymbol{T})=\boldsymbol{R}\boldsymbol{x}_1 \tag{2-34}$$

$$\boldsymbol{P}_r\boldsymbol{P}_1=(\boldsymbol{R}\boldsymbol{x}_1Z_1+\boldsymbol{T})-\boldsymbol{x}_rZ_r \tag{2-35}$$

$$\boldsymbol{O}_r\boldsymbol{P}_r=\boldsymbol{x}_rZ_r \tag{2-36}$$

因为 $\boldsymbol{P}_r\boldsymbol{P}_l$ 为射线 $\boldsymbol{O}_r\boldsymbol{P}_r$ 与 $\boldsymbol{O}_r\boldsymbol{P}_r$ 的公垂线，则可得

$$\Rightarrow\begin{cases}\boldsymbol{O}_l\boldsymbol{P}_l \perp \boldsymbol{P}_r\boldsymbol{P}_l\\ \boldsymbol{O}_r\boldsymbol{P}_r \perp \boldsymbol{P}_r\boldsymbol{P}_l\end{cases}\Leftrightarrow\begin{cases}(\boldsymbol{R}Z_l\boldsymbol{x}_l)(\boldsymbol{R}Z_l\boldsymbol{x}_l+\boldsymbol{T}-Z_r\boldsymbol{x}_r)=0\\ (Z_r\boldsymbol{x}_r)(\boldsymbol{R}Z_l\boldsymbol{x}_l+\boldsymbol{T}-Z_r\boldsymbol{x}_r)=0\end{cases} \tag{2-37}$$

因 $\boldsymbol{R}$ 和 $\boldsymbol{T}$ 已知(标定求得)，$\boldsymbol{x}_r=\left(\frac{X_r}{Z_r} \quad \frac{Y_r}{Z_r} \quad 1\right)^{\mathrm{T}}$，同时 $\boldsymbol{x}_l=\left(\frac{X_l}{Z_l} \quad \frac{Y_l}{Z_l} \quad 1\right)^{\mathrm{T}}$，因此在式(2-37)中 Z_l 和 Z_r 为仅有的两个未知量，式(2-37)有且存在唯一解，至此 $P_r(X_r, Y_r, Z_r)$ 与 $P_l(X_l, Y_l, Z_l)$ 完全确定，取公垂线的中点为最终点 P 的坐标，则有

$$P=\frac{P_r+(RP_l+T)}{2} \tag{2-38}$$

2.6　图像预处理

通常经输入系统获取的图像信息中含有各种各样的噪声与畸变，如室外光照度不够均匀会造成图像灰度过于集中，由 CCD(摄像头)获得的图像经过模数(A/D)转换、线路传送都会产生噪声污染等，这些不可避免地影响系统图像的清晰程度，降低图像质量，轻者表现为图像不干净，难以看清细节；重者表现为图像模糊不清，连概貌也看不出来。因此，在对图像进行分析之前，必须对图像质量进行改善，一般情况下改善的方法有两类：图像增强和图像复原。图像增强的目的就是设法改善图像的视觉效果，提高图像的可读性，将图像中使人感兴趣的特征有选择地突出，便于人与计算机的分析和处理。例如突出目标物的轮廓，去除各类噪声，将黑白图像转变为伪彩色图像等处理。图像增强只将图像中感兴趣的特征有选择地突出，而衰减不需要的特征，在图像增强和像质改善过程中总是以对某一部分信息的强调和另一部分信息的损失为代价。图像增强技术主要包括图像灰度变换方法、直方图修整方法、图像平滑处理、图像尖锐化处理以及彩色处理技术。在实用中可以采用单一方法处理，也可以采用几种方法联合处理，以便达到预期的增强效果，本系统中主要用到图像的直方图修整方法以及图像平滑处理。

图像预处理目的在于将前景信息与背景信息分离，保留有效成分。采集环节得到的图片由于存在各种干扰，增强检测难度。预处理步骤如下：首先中值滤波消除图像白噪声，其次采用开运算对图像的背景进行估计，然后通过源图像与背景估计图像差分，得到前景图像，最后采用图像变换增强灰度图像亮度。

2.6.1 背景估计

本节中的背景是指除去目标之外的所有信息。由于目标对象处的像素多为局部连通区域，与背景部分的连通区域像素亮度特征不同，而且目标对象的分布存在随机性，为突出裂痕特征，需要对图像背景进行有效估计，背景估计步骤是对图像中目标对象以外的背景像素保留，对目标对象文字邻域像素进行开运算操作，实质上，是对图像中局部特征进行像素估算，而对大范围的连通区域进行保留。

为实现上述目的，可采用开运算处理，开运算是对结构元素与源图像先进行腐蚀处理，再进行膨胀操作，通过实验对比，背景估计所达到的目的尽量保证准确的衡量背景特征，而且不能包含精确的缺陷特征，重点是针对目标对象图像特征选取结构元素的类型 Strel 及其元素组半径 r。选择的结构元素最主要目的在于既要消除目标对象表面文字等背景的干扰，又要保留前景目标信息。因选取的结构元素一般为中心对称或者轴对称的矩阵，结合图像具体特征，采用三类结构元素，分别为 diamond，disk 和 line，结构元素矩阵如图 2-11 所示。

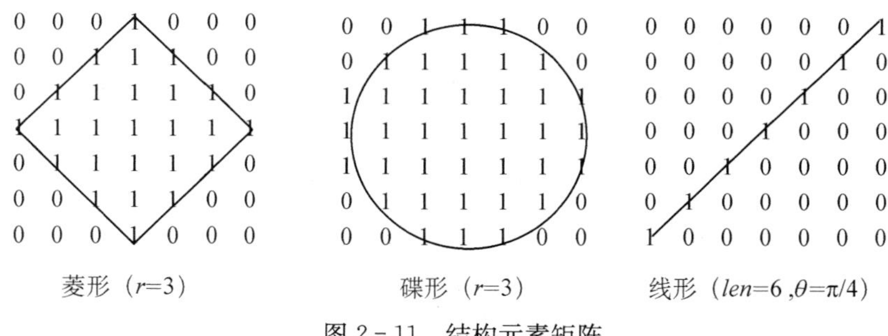

图 2-11 结构元素矩阵

2.6.2 背景差分与亮度调节

背景差分是背景估计的下一步操作，即将源图像与背景估计图像中相同坐标点进行差操作，差分可以削弱或消除图像的冗余信息，降低干扰，突出缺陷特征。背景差分需要预先定义“负”像素值，图像存储块无法存储负值像素，根据实际物理因素，将“负值”像素置零。对于一幅单通道图像为 $M \times N$ 的矩阵，$\boldsymbol{\Delta}[i, j]$ 表示差分结果矩阵，$\boldsymbol{S}[i, j]$ 和 $\boldsymbol{T}[i, j]$ 分别为源图像和背景估计图像。则有

$$\boldsymbol{\Delta}[i, j]=\boldsymbol{S}[i, j]-\boldsymbol{T}[i, j] \tag{2-39}$$

$\boldsymbol{\Delta}[i, j]$中任意元素非负，最大值小于 255。

背景差分后，所得到的图像中信息包含目标或对象的同时还包含其他的灰度像素或像素区块，这些信息的存在增大了提取裂痕特征的难度，因而需对差分图像进行亮度变换。亮度变换是空间域上的点变换，包括图像增强、亮度/对比度调节、γ 调节和直方图调节等。采用 γ 值调整亮度操作，参数 γ 指明由 f 映射生成图像 g 时曲线的形状，如图 2-12 所示，即决定图像变换是进行增强低灰度还是增强高灰度，如果 γ 值小于 1，则映射被加权至较高（较亮）的输出值，如图 2-12(c)所示。如果 γ 值大于 1，则映射被加权至较低（较暗）的输出值，如图 2-12(a)所示。如果省略函数参量，则 γ 默认为 1（线性映射），如图 2-12(b)所示。(*high*, *low*)表示输入图像的灰度区间，(*bottom*, *top*)表示输出图像的灰度区间。

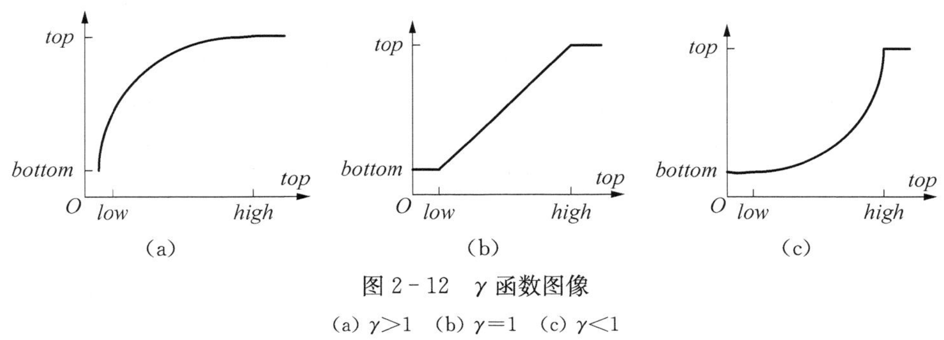

图 2-12　γ 函数图像

(a) $\gamma>1$　(b) $\gamma=1$　(c) $\gamma<1$

图像增强技术基本上可以分成两大类：一类是频域处理法，另一类是时域处理法。

频域处理法的基础是卷积定理。它通过傅里叶变换改变频域，实现对图像的增强处理。在频域处理中可以增强图像中的低频分量使图像变得平滑，也可以强调图像中的高频分量使图像的边缘得到增强等。

空域法就是直接对图像中的像素进行处理，基本上是以灰度映射变换为基础的。所用的映射变换取决于增强的目的。例如增强图像的对比度，改善图像的灰度层次等处理均属于空域处理法。

2.6.3　直方图修正

图像直方图是图像处理中一种十分重要的图像分析工具，它描述一幅图像的灰度级内容，任何一幅图像的直方图都包含丰富的信息。从数学上来说图像直方图是图像各灰度值统计特性与图像灰度值的函数，其统计一幅图像中各个灰度级出现的次数或概率。如果环境光线较暗造成曝光不足，这样图像灰度集中在暗区，许多图像细节无法看清，判断困难，通过修正灰度级别分布在人眼合适的亮度区域，致使图像中的细节清晰可见。

直方图修整方法实现图像增强中最常用的一种方法就是直方图的均衡化(或者称为直方图均匀化)。直方图均衡化的思想是把原始图像的直方图变换为均匀分布的形式，这样就增加了像素灰度值的动态范围，从而达到增强图像整体对比度的效果，大多数自然图像由于其灰度公布集中在较窄的区间，引起图像的细节不够清楚。采用直方图修正以后可以使图像的灰度区间拉大或使其均匀分布，从而增大反差，使图像细节清楚，达到增强的目的。

设图像 $f(x, y)$的灰度分布密度函数为 $p_f(f)$，对 $f(x, y)$做变换，变换式为

$$g = T[f] = \int_0^f p_f(u)\mathrm{d}u \tag{2-40}$$

若源图像 $f(x, y)$在点(x, y)处的灰度为 f，则变换后的图像 $g(x, y)$在点(x, y)的灰度 g 可以按照式(2-40)计算得出，对于数字图像，直方图均衡技术的变换公式可以做离散近似。设源图的像素总数为 N，有 L 个灰度级，第 k 个灰度 r_k 出现的频数为 n_k，若源图图像点(i, j)的灰度为 r_k，则直方图均衡化处理后的图像点(i, j)处的灰度为

$$s_k = T[r_k] = \sum_{l=0}^{k} \frac{n_l}{N} = \sum_{l=0}^{k} h_l \tag{2-41}$$

式中，$k = 0, 1, 2, \cdots, L-1$。从直方图均化的原理可以知道，它的实质在于：两个占有较多像素的灰度变换后级差增大。一般来说，背景和目标占有较多的像素，这种技术实际上加大了背景和目标的对比度。占有较少像素的灰度变换后需要归并。一般来说，边界与背景的过渡像素较少，由于归并，其或者变为背景点或者变为目标点，从而使边界变得陡峭。如图 2-13 和图 2-14 所示。

(a)

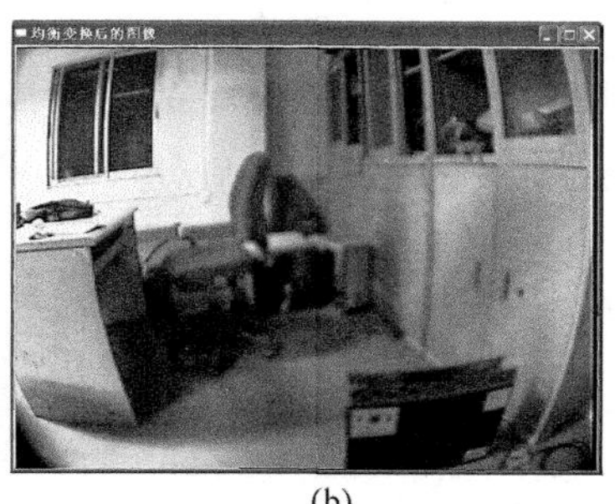

(b)

图 2-13 图 像

(a) 原始图像 (b) 均衡变换后的图像

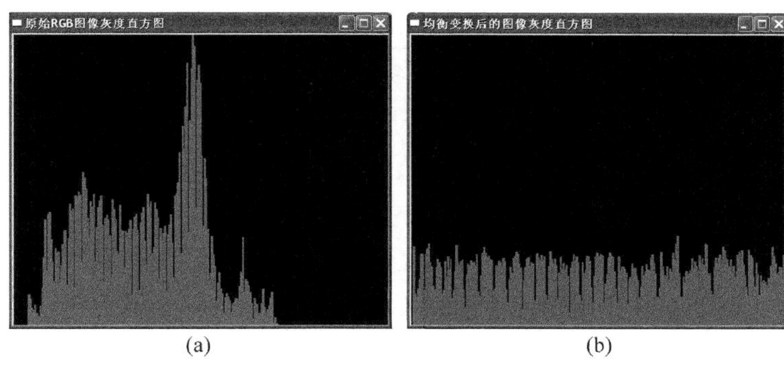

(a)　　(b)

图 2-14　直方图

(a) 原始图像的直方图　(b) 均衡变换后的直方图

2.6.4　图像平滑

通常把观测到的图像转换成可用计算机处理的数字图像时，在整个转换过程中，由于种种原因，图像的画质就会出现不尽人意的退化。这是因为实际获得的图像一般都受到某种干扰而含有噪声。所谓噪声是指妨碍人的感觉器官或系统传感器对所接收的信息源信息进行理解或分析的各种因素。例如，一幅黑白图片，其平面亮度分布假定为 $f(x, y)$，那么对其接收起干扰作用的亮度分布 $n(x, y)$ 即可称为图像噪声。

目前大多数数字图像及计算机视觉系统中，输入光图像都是采用先冻结再扫描的方式将多维图像变成一维电信号，再对其进行处理、存贮、传输等加工变换，最后还要再组成多维图像信号，而图像噪声也将同样受到这样的分解和合成。所以，抑制使图像退化的各种干扰信号的处理、增强图像中有用信号的处理，以及将观测到的不同图像在同一约束条件下进行校正处理等，就显得非常重要。

引起噪声的原因有敏感元器件的内部噪声、照相底片上感光材料的颗粒、传输通道的干扰及量化噪声等。

图像中存在各种不同性质的噪声，在不同的客观环境下会成为影响图像质量的主导因素。这些噪声大致可以分为以下 3 类：随机噪声、量化噪声和脉冲噪声。

随机噪声包括客观环境中的干扰噪声和摄像管摄像产生的读出噪声，其中对图像质量起主要影响的是摄像管摄像产生的读出噪声。

CCD 摄像管读出噪声输出信噪比公式为

$$\frac{S}{N}=\frac{Q_S}{2\pi kTC} \tag{2-42}$$

式中，Q_S 是1个光敏单元所存贮的电荷量，$Q_S=eN_S$；N_S 是1个光敏单元所承载的光电子数目；e 是1个光电子所存贮的电荷量；k 是玻耳兹曼常数；T 是绝对温度；C 是输入电容。

由式(2-42)可知，当客观环境光线充足时，N_S 相应升高，即 Q_S 增大，信噪比$\frac{S}{N}$较高；而当客观环境光线不充足时，N_S 下降，Q_S 减小，获得图像的信噪比较低，图像中的读出噪声比较严重。

量化噪声指摄像机使用放大和处理电路对信号进行采样/量化处理时产生的噪声。放大处理电路输出信号的信噪比公式为

$$\frac{S}{N}=6.02B+1.76+10\lg\left(\frac{f_s}{2f_{max}}\right) \tag{2-43}$$

式中，B 是模/数转换器分辨率；f_s 是采样速率；f_{max} 是输入信号的最高频率。

脉冲噪声包括传输过程中产生的脉冲噪声和存储图像带来的噪声。脉冲噪声是信号在数字电路中传送时受到电路的脉冲影响而产生的噪声。虽然对于不同电路分布的情况，含有脉冲噪声的信号的信噪比会有所不同，但总体来说，这种噪声主要由电路中电荷的活动情况决定，而与客观环境中的亮度无关。

根据噪声和信号的关系，也可以将其分为两种形式。

(1) 加性噪声　假设图像信号为 $f(x, y)$，图像噪声为 $n(x, y)$，有的噪声与图像信号无关，在这种情况下，含噪声的图像 $g(x, y)$的叠加波形可表示为

$$g(x, y)=f(x, y)+n(x, y) \tag{2-44}$$

则称此类噪声为加性噪声。如放大器噪声、信道噪声及扫描图像时产生的噪声等，每一个像素的噪声不管输入信号的大小，噪声总是分别加到信号上，都属于加性噪声。

(2) 乘性噪声　有的噪声与图像信号有关。这可以分为两种情况：一种是某像素处的噪声只与该像素的图像信号有关；另一种是某像点处的噪声与该像点及其邻域的图像信号有关。例如，用飞点扫描器扫描图像时产生的噪声就与图像信号相关。如果噪声与信号成正比，则含有噪声的图像 $f(x, y)$可以表示为

$$\begin{aligned}g(x, y)&=f(x, y)+n(x, y)\,f(x, y)\\&=[1+n(x, y)]f(x, y)=n_1(x, y)\,f(x, y)\end{aligned} \tag{2-45}$$

另外，还可以根据噪声服从的分布对其进行分类，分为高斯噪声、泊松噪声和颗粒噪声等。如果幅度分布是按高斯分布的就称为高斯噪声；而泊松噪声一般出现在照度非常小及用高倍电子线路放大的情况下，泊松噪声可以认为是椒盐噪声。颗粒噪声可以认为是一种白噪声过程，在密度域中是高斯分布加性噪声，而在强度域中为乘性噪声。

在现有去除图像噪声的方法中，均值滤波算法和中值滤波算法是常用的两种方法，它们对不同的噪声有不同的去噪特性，如均值滤波算法对高斯噪声有较好的去噪能力，而对脉冲噪声的去噪能力却很差；相反，中值滤波算法对脉冲噪声的去噪能力很好，却对高斯噪声的去噪能力较差。

1）均值滤波

均值滤波算法又称为邻域平均法。这种方法的基本思想是用几个邻域像素灰度的平均值来代替每个像素的灰度值，其邻域的选取通常为以单位距离 Δx 构成的 4 邻域和以 2 个单位距离为半径 r 构成的 8 邻域。

下面分析它的滤波特性，假设噪声的模型为

$$g(x, y)=f(x, y)+n(x, y) \tag{2-46}$$

经邻域平滑得到的图像为

$$g'(i, j)=\frac{1}{M}\sum_{(i, j)\in S} g(i, j)=\frac{1}{M}\sum_{(i, j)\in S} f(i, j)+\frac{1}{M}\sum_{(i, j)\in S} n(i, j) \tag{2-47}$$

式中，S 为 (i, j) 点的邻域；M 为邻域中的总点数。根据统计分析，式(2-47)中第二项的噪声方差为

$$D\left(\frac{1}{M}\sum_{(i, j)\in S} n(i, j)\right)=\frac{1}{M^2}\sum_{(i, j)\in S} D(n(i, j))=\frac{1}{M}\sigma_{\text{noise}}^2 \tag{2-48}$$

式中，D 表示求噪声方差运算；σ_{noise}^2 为未经邻域平滑前原图像噪声的方差。由于图像经邻域平滑处理后，噪声的方差减少 M 倍，因此起到降低噪声平滑图像的作用，但该算法存在如下缺点：

从以上噪声方差的分析可知，用均值算法在缩小图像噪声方差 M 倍的同时，实际上也缩小由图像细节信号本身建立的模型“方差”M 倍，这必然会造成图像细节的模糊。这是均值算法本身存在的缺陷，而且只能有限地改善，不可能彻底改变。

采用相同权值进行平滑，算法存在盲目性，而这种盲目性的结果则表现为算法对冲击噪声的敏感性。这样，当采用相同的权值对含有噪声的图像进行均值滤波时，如果被处理区域含有受脉冲噪声污染的像素点，那么这个像素点会在很大程度上影响滤波效果，并且它还会通过此时的均值运算把它的影响扩大到其周围的像素点。

采用相同权值的均值滤波算法没有充分利用像素间的相关性和位置信息。

2）高斯平滑

邻域平均法是一种利用 Box 模板对图像进行模板操作（卷积运算）的图像平滑方法，所谓 Box 模板是指模板中所有系数都取相同值的模板，Box 模板虽然考虑邻域点的作用，但并没有考虑各点位置的影响，对于所有的 9 个点都一视同仁，所以平滑的效果并不理想。实际上可以引入加权系数，认为离某点越近的点对该点的影响应该越大，其权值越高，为此，将原来的模板改造成加权系数模板，可以看出，距离越近的点，加权系数越大。该模板是一个常用的平滑模板，称为高斯（Gauss）模板。这个模板是通过采样二维高斯函数得到的。采用高斯模板，在实现平滑效果的同时，要比 Box 模板清晰一些。二维 $n\times n$ 的高斯模板函数定义为

$$g(x,\ y)=c\mathrm{e}^{-\frac{(x^2+y^2)}{2\sigma^2}},\ x\in\left[\frac{-(n-1)}{2},\ \frac{(n-1)}{2}\right] \tag{2-49}$$

式中，$c=\sum_{x=\frac{-(n-1)}{2}}^{\frac{(n-1)}{2}}\sum_{y=\frac{-(n-1)}{2}}^{\frac{(n-1)}{2}}\mathrm{e}^{-\frac{(x^2+y^2)}{2\sigma^2}}$，使高斯模板各元素之和为1，这保证在平滑过程中处理结果的像素灰度不超过允许的像素最大灰度值$\sigma=2$，3×3 的高斯模板，5 × 5 的高斯模板，7 × 7 的高斯模板分别如下：

$$\begin{bmatrix} 0.0927 & 0.1191 & 0.0927 \\ 0.1191 & 0.1529 & 0.1191 \\ 0.0927 & 0.1191 & 0.0927 \end{bmatrix}$$

$$\begin{bmatrix} 0.0125 & 0.0264 & 0.0339 & 0.0264 & 0.0125 \\ 0.0264 & 0.0559 & 0.0718 & 0.0559 & 0.0264 \\ 0.0339 & 0.0718 & 0.0922 & 0.0718 & 0.0339 \\ 0.0264 & 0.0559 & 0.0718 & 0.0559 & 0.0264 \\ 0.0125 & 0.0264 & 0.0339 & 0.0264 & 0.0125 \end{bmatrix}$$

$$\begin{bmatrix} 0.0009 & 0.0032 & 0.0067 & 0.0086 & 0.0067 & 0.0032 & 0.0009 \\ 0.0032 & 0.0110 & 0.0233 & 0.0300 & 0.0233 & 0.0110 & 0.0032 \\ 0.0067 & 0.0233 & 0.0494 & 0.0634 & 0.0494 & 0.0233 & 0.0067 \\ 0.0086 & 0.0300 & 0.0634 & 0.0814 & 0.0634 & 0.0300 & 0.0086 \\ 0.0067 & 0.0233 & 0.0494 & 0.0634 & 0.0494 & 0.0233 & 0.0067 \\ 0.0032 & 0.0110 & 0.0233 & 0.0300 & 0.0233 & 0.0110 & 0.0032 \\ 0.0009 & 0.0032 & 0.0067 & 0.0086 & 0.0067 & 0.0032 & 0.0009 \end{bmatrix}$$

3）中值滤波

中值滤波是由图基(Turky)提出的，是一种非线性信号处理方法，其基本原理是把序列(sequence)或数字图像(digital image)中间一点的值用该点邻域中各点值的中值来替代。例如，一个窗口长度为 5，各像素点的灰度值分别为{16，14，60，22，42}，排序后序列为{14，16，22，42，60}，则若灰度级为 60 的像素为随机脉冲噪声，中值滤波后即被滤除。对序列而言中值的定义是这样的，若 $x_1, x_2, \cdots, x_n$ 为一组序列，先把其按大小排列为 $x_{i1} \leqslant x_{i2} \leqslant \cdots \leqslant x_{in}$，则该序列的中值 y 为

$$y = \text{med}\{x_1, x_2, \cdots, x_n\} = \begin{cases} x_{i, \frac{n+1}{2}} & x \text{ 为奇数} \\ \dfrac{1}{2}\left(x_{i, \frac{n}{2}} + x_{i, \frac{n+1}{2}}\right) & x \text{ 为偶数} \end{cases} \tag{2-50}$$

对于一幅图像的像素矩阵，中值滤波就是用一个活动窗口沿图像移动，窗口中心位置的像素灰度用窗口内所有像素灰度的中值代替，取以目标像素为中心的一个子矩阵窗口，这个窗口一般为 4×4，5×5 等，可根据需要选取。常用的窗口形状有方形、十字形、菱形和圆形等，如图 2-15 所示。窗口的大小和形状有时对滤波效果影响很大。窗口的大小决定在多少个数值中求中值，窗口的形状决定在什么样的几何空间中取元素计算中值。对窗口内的像素灰度排序，取中间一个值作为目标像素的新灰度值。设 $\{x(i, j), (i, j) \in I^2\}$ 表示数字图像各点的灰度值，滤波窗口为 W 的二维中值滤波定义为

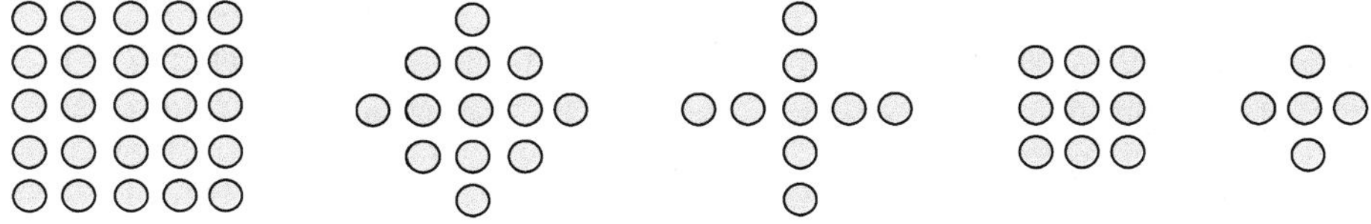

图 2-15　中值滤波中几种常见的滤波窗口

$$y(i, j)=\underset{W}{\operatorname{med}}\{x(i, j)\}=\operatorname{med}\{x(i+r, j+s)\} \tag{2-51}$$

式中，$(r, s) \in W$，$(i, j) \in I^2$。

经典的中值滤波器在平滑脉冲噪声方面非常有效，同时能较好地保持图像细节，但是它不管像素点的好坏均一致地应用到整幅图像，这样必将会破坏许多好的图像细节。

4）自适应滤波

自适应滤波将图像信号和噪声都看成随机信号，假设图像 $g(x, y)$ 是由真实图像 $f(x, y)$ 和噪声 $n(x, y)$ 构成的，图像滤波器的目的是使输出的图像 $I(x, y)$ 尽可能地降低噪声信号 $n(x, y)$，同时恢复真实图像 $f(x, y)$，定义误差信号

$$e(x, y)=f(x, y)-I(x, y) \tag{2-52}$$

均方差是平均误差的度量

$$MSE=\sum_{x=1}^{M}\sum_{y=1}^{N}e^2(x, y) \tag{2-53}$$

Wiener 滤波器就是以最小化均方差作为最优准则的。

基于上述去噪算法的分析，中值滤波在平滑脉冲噪声方面非常有效，同时它可以保护图像尖锐的边缘，且加权中值滤波能够改进中值滤波的边缘信号保持效果。由于水下焊接机器人的去噪需求，即去除随机噪声，提取图像中的较大对象而消减小对象，且在抑制随机噪声的同时能有效保护边缘少受模糊，笔者选择中值滤波进行去噪。

2.6.5　实验结果及分析

在视觉系统中，由于图像传输信道质量等各方面引起图像质量下降，如图 2-16(a)所示，本系统针对常用的几种方法对图像进行去噪，图像平滑去噪的效果如图 2-16 所示。综合考虑实验结果，本系统最终采用中值滤波进行图像去噪。

在提取棋盘角点时，一般情况下，为防止噪声对提取角点的干扰，需要对图像进行平滑处理。图 2-17 为棋盘标定模板，为提取 X 角点，即黑白棋格交界处，首先在棋盘角点处进行图像平滑处理，棋盘模板的灰度曲面如图 2-18 所示，各图为图像灰度值的曲面显示。从图 2-18 中可知，领域平均法的平滑效果最强，高斯平滑法次之，而中值滤波法的平滑效果最弱，在标定系统中，一般采用高斯法进行图像的平滑滤波处理，以降低噪声对提取结果的影响。

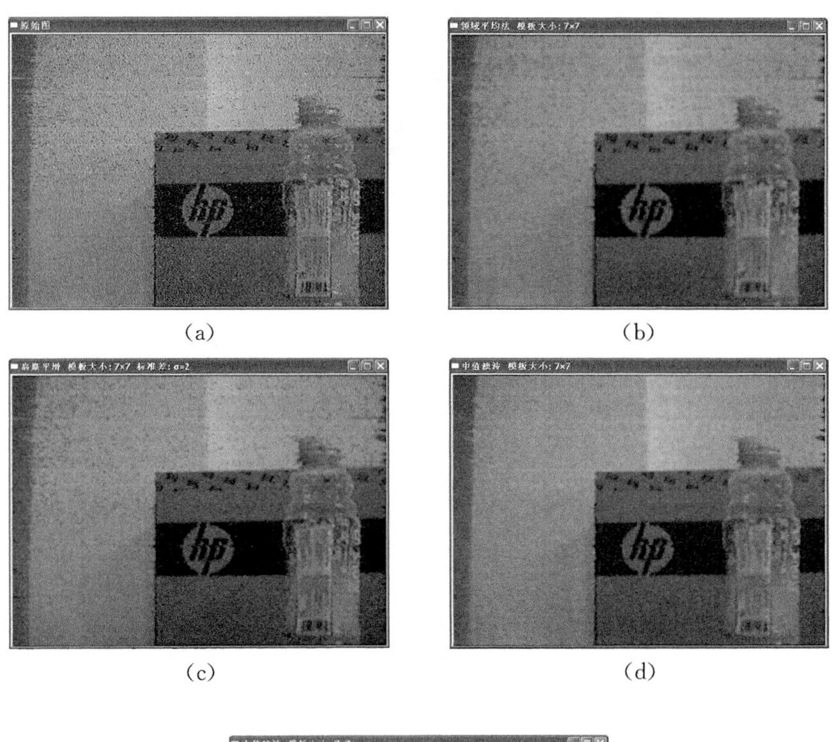

(a)　　(b)

(c)　　(d)

(e)

图 2 - 16　图像平滑去噪的效果图

(a) 原始图像　(b) 领域平均法　(c) 高斯平滑法($\delta=2$)　(d) 中值滤波　(e) 自适应滤波

图 2-17　棋盘标定模板

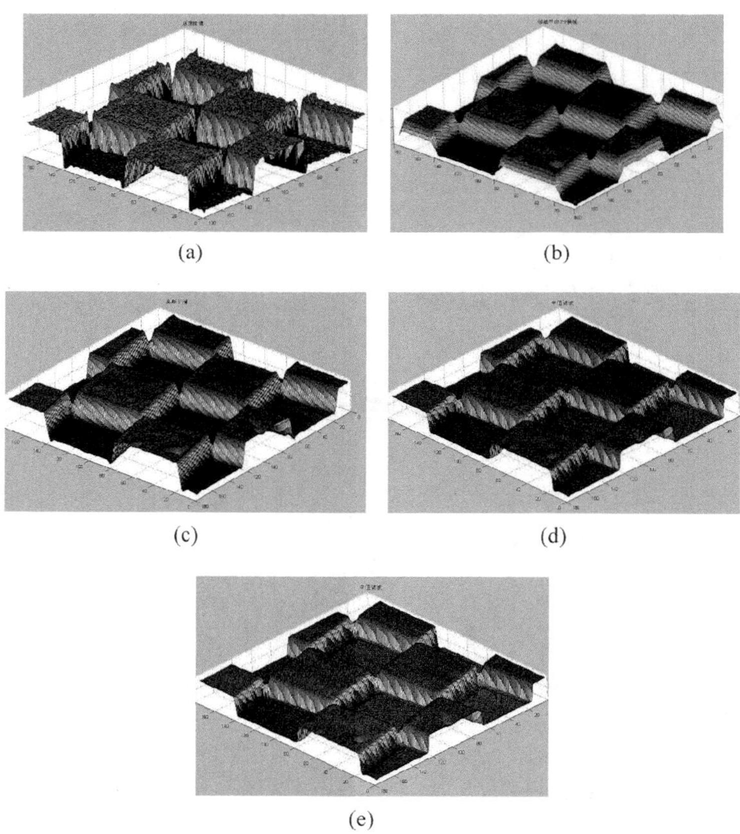

图 2-18　棋盘模板的灰度曲面

(a) 原图的灰度曲面　(b) 领域平均后的灰度曲面　(c) 高斯平滑后的灰度曲面　(d) 中值滤波后的灰度曲面　(e) 自适应滤波后的灰度曲面

从图 2 - 17 和图 2 - 18 中可以看出，中值滤波法处理的平滑效果不如邻域平均法、高斯平滑法和自适应滤波法，但它能去除噪声点并保持图像边界，而高斯平滑法的去噪能力和平滑能力均处于两者之间，是一种常用的图像预处理方法。

2.7　摄像机标定

计算机视觉的基本任务之一是从摄像机获取的图像信息出发计算三维空间中物体的几何信息，并由此重建和识别物体，而空间物体表面某点的三维几何位置与其在图像中对应点之间的相互关系是由摄像机成像的几何模型决定的，这些几何模型参数就是摄像机参数。在大多数条件下，这些参数必须通过实验与计算才能得到，这个过程称为摄像机定标（或称为标定）。标定过程就是确定摄像机的几何和光学参数以及摄像机相对于世界坐标系的方位。标定精确度的大小直接影响着计算机视觉的精确度。迄今为止，对于摄像机标定问题已提出很多方法，摄像机标定的理论问题已得到较好的解决，对摄像机标定的研究来说，当前的研究工作应该集中在如何针对具体的实际应用问题，采用特定的简便、实用、快速、准确的标定方法。

2.7.1　摄像机的标定方法

通常在进行摄像机标定时，会在摄像机前方放置一个已知形状与尺寸的标定参照物，该参照物称为靶标。在靶标上具有一些位置已知的标定点。图 2 - 19(a)为平面靶标，图 2 - 19(b)为立体靶标。黑白方块的交点作为标定点，其空间坐标位置已知。采集靶标图像后，通过图像处理，可以获得标定点的图像坐标。利用标定点的图像坐标和空间位置坐标，可以求出摄像机的内参数和相对于靶标参考点的外参数。

(a)

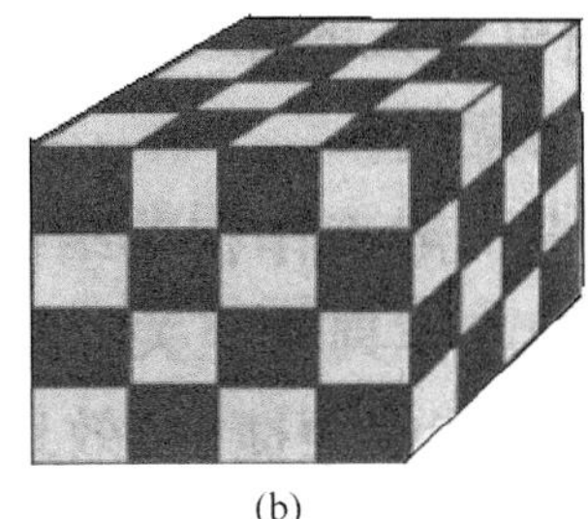

(b)

图 2 - 19　常用的两种靶标

(a) 平面靶标　(b) 立体靶标

摄像机标定方法根据其标定方式大致可归结为传统标定方法、摄像机自标定方法和基于主动视觉的标定方法三类。

1）传统的摄像机标定方法

从计算思路的角度上看，传统的摄像机标定方法可以分成四类，即利用最优化算法的标定方法，利用摄像机变换矩阵的标定方法，进一步考虑畸变补偿的两步法和采用更为合理的摄像机成像模型的双平面标定方法。按照求解算法的特点将它分为直接非线性最小化方法（迭代法）、闭式求解方法和两步法，也不失为一种好的划分方法。

（1）利用最优化算法的标定方法　Faig W 等所提出的方法是这一类标定技术的典型代表。他们考虑摄像机成像过程中的各种因素，精心设计摄像机成像模型。对于每一幅图像，利用至少 17 个参数描述其与三维物体空间的约束关系，计算量非常大。由于引进的参数比较多，并使用特殊的专业测量摄像机（其所摄取的照片的分辨率比普通的固态成像感光阵列高 4 倍以上），在图像投射和三维重建时取得很高的精确度。

这一类摄像机标定方法的优点是可以假设摄像机过程中各种因素。然而由此带来的问题如下：一是摄像机标定的结果取决于摄像机的初始给定值优化程序得到正确的标定结果；二是优化程序非常费时，无法实时地得到标定结果。

（2）利用摄像机变换矩阵的标定方法　从摄影测量学中的传统方法可以看出，刻划三维空间坐标系与二维图像坐标系关系的方程一般说来是摄像机内部参数和外部参数的非线性方程。如果忽略摄像机镜头的非线性畸变并且把透视变换矩阵中的元素作为未知数，给定一组三维控制点和对应的图像点，就可以利用线性方法求解透视变换矩阵中的各个元素。

严格来说，基于摄像机针孔模型的透视变换矩阵方法与直接线性变换方法没有本质的区别，而且透视变换矩阵与直接线性变换矩阵之间只相差一个比例因子，两者都可以计算摄像机的内部参数和外部参数。

这一类标定方法的优点是不需利用最优化方法来求解摄像机的参数，从而运算速度快，能够实现摄像机参数的实时计算。缺点是：①标定过程中不考虑摄像机镜头的非线性畸变，标定精确度受到影响；②线性方程中未知参数的个数大于要求解的独立的摄像机模型参数的个数，线性方程中未知数不是相互独立的。这种过分参数化的缺点是在图像含有噪声的情况下，解得线性方程中的未知数也许能很好地符合这一组线性方程，但由此分解得到的参数值却未必与实际情况很好地符合。

利用透视变换矩阵的摄像机标定方法广泛应用于实际系统，并取得满意的结果。

(3) 两步法　摄影测量学中的传统方法要使用最优化算法求解未知参数，求解的结果常取决于给定的初始值。如果初始值给定不合适，就很难得到正确结果。直接线性变换方法或透视变换矩阵方法可利用线性方法求解摄像机参数，其缺点是没有考虑镜头的非线性畸变、精确度不高。如果先利用直接线性变换方法或者透视变换矩阵方法求解摄像机参数，再以求得的参数为初始值，考虑畸变因素，并利用最优化算法进一步提高定标精确度，这就形成所谓的两步法。

Tsai 在他的论文中所使用的是典型的两步法，将 CCD 阵列中感光元的横向间距和纵向间距认为是已知的，其数值是靠摄像机厂家提供的。其所假设的摄像机内部和外部参数分别如下：①f 为等效焦距；②k_1 和 k_2 为镜头畸变参数；③s_x 为非确定性标度因子，它是由摄像机横向扫描与采样定时误差引起的；④(C_x, C_y)为图像中心或主点；⑤t 为三维空间坐标系与摄像机坐标系之间的旋转矩阵和平移向量。

(4) 双平面标定方法　研究人员在传统摄像机标定研究的另一方向也做了深入的探讨。这就是寻找更合理的摄像机模型，使之更全面、更有效地表示 CCD 摄像机实际成像过程。Martins 等首先提出双平面模型（two-plane model)。马颂德和魏国庆在利用双平面模型标定摄像机参数方面做了大量的研究工作。

这种方法的优点是利用线性方法就可以解有关参数，不需要非线性优化；缺点是要求解大量的未知参数，存在过分参数化的倾向。

双平面模型与针孔模型的基本区别在于，双平面模型不像针孔模型那样要求所有投射到成像平面上的光线必须经过光心。给定成像平面上的任意一个图像点，便能够计算出两个标定平面上的相应点，从而确定投射到成像平面上产生该图像点的光线。双平面模型如图 2-20 所示。

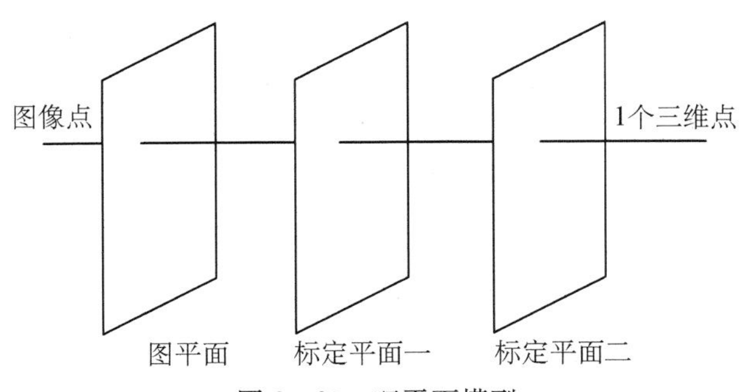

图 2-20　双平面模型

对每一个标定平面,利用一组标定点建立彼此独立的插值式。虽然插值式是可逆的,但其逆过程需要一个搜索算法,所以所建立的模型一般只用于从图像到标定平面的映射过程。Martins 等提出三种插值方法:线性插值、二次插值和线性样条插值。

线性近似时,标定平面上相应点坐标表示成图像点坐标的线性组合。则有

$$p_i = \boldsymbol{A}_i \times \boldsymbol{L},\ i = 1,\ 2 \tag{2-54}$$

式中,$\boldsymbol{L} = (u,\ v,\ l)^{\mathrm{T}}$ 是图像点的齐次坐标;$p_i = (x_i,\ y_i,\ z_i)^{\mathrm{T}}$ 是第 i 个标定平面上的相应点;$\boldsymbol{A}_i$ 是一个 3×3 的回归参数矩阵。

要确定所有的参数值,对于每一个平面应该知道至少 3 点。当已知 $N(N > 3)$ 个标定点时,$\boldsymbol{A}_i$ 可以利用最小二乘法求解,求解下式:

$$\boldsymbol{A} = \boldsymbol{P}\boldsymbol{L}^{\mathrm{T}}(\boldsymbol{L}\boldsymbol{L}^{\mathrm{T}}) - \boldsymbol{I} \tag{2-55}$$

式中,$\boldsymbol{P}$ 和 $\boldsymbol{L}$ 是 $3\times N$ 阶矩阵,其第 j 列分别是向量 $\boldsymbol{P}_i$ 和 $\boldsymbol{L}_i$ 所对应的第 j 个标定点。

在一般情况下,$\boldsymbol{A}_i$ 共有 18 个特定参数。当两个标定平面平行于 XY 平面时,两个回归参数矩阵的第三行具有$(0,\ 0,\ z_i)$的形式,故此未知数目减至 12 个。

利用两次插值对两个标定平面进行二阶近似,则有

$$\boldsymbol{P}_i = \boldsymbol{A}_i\boldsymbol{Q},\ i = 1,\ 2 \tag{2-56}$$

式中,$\boldsymbol{Q} = (u^2,\ v^2,\ uv,\ u,\ v,\ 1)^{\mathrm{T}}$;$\boldsymbol{P}_i = (X_i,\ Y_i,\ Z_i)^{\mathrm{T}}$ 是第 i 个标定平面上的相应点;$\boldsymbol{A}_i$ 是一个 3×6 的回归参数矩阵。

要确定所有的参数值,对于每一个平面应该至少已知 6 点。当已知 $N(N > 6)$ 个标定点时,$\boldsymbol{A}_i$ 同样可以利用最小二乘技术求解。

与第一种情况相似,在一般情况下,总共有 36 个待定参数。当两个定标平面平行于 XY 平面时,两个回归参数矩阵的未知参数数目可减少 27 个。

使用线性样条插值近似两个标定平面时,标定点越多,近似结果就越准确。对于每一个线性样条平面近似时至少需要三个点。每三个相邻的最近点定义一个插值平面。对每一个近似插值平面的求解与第一种情况相似。

马颂德和魏国庆通过对成像过程的分析,并考虑镜头畸变因素,提出利用下式作为从图像到两个标定平面的回归模型并进行实验验证,该方法的优点是全部非线性模型参数可以用线性方法求解。

$$X_k = \frac{\sum\limits_{0\leqslant i+j\leqslant 3} a_{ij}^{(1)} u_k^j v_k^j}{\sum\limits_{0\leqslant i+j\leqslant 3} a_{ij}^{(3)} u_k^j v_k^j},\ Y_k = \frac{\sum\limits_{0\leqslant i+j\leqslant 3} a_{ij}^{(2)} u_k^j v_k^j}{\sum\limits_{0\leqslant i+j\leqslant 3} a_{ij}^{(3)} u_k^j v_k^j},\ k = 1,\ 2 \tag{2-57}$$

2）摄像机自标定方法

由于传统的摄像机标定方法需在摄像机前放置一个标定参照物，因此在每次参数调节后，需要重新对摄像机进行标定，这在危险恶劣环境下根本不可能做到，而自标定则不需要已知参照物，仅通过控制摄像机运动来获得多幅图像，即可确定内参数，这就使标定过程大为简化。自从 1990 年 Faugeras 等首次提出摄像机自标定的思想后，摄像机自标定及相关研究已成为目前计算机视觉领域的研究热点之一。

在小孔模型下，摄像机自标定可以在三个层次上进行。在对外参数一无所知的条件下，即对空间结构不做任何假设，摄像机的运动也不能量化描述，这时的标定只能给出投影矩阵 $\boldsymbol{M}$，而不能从中分解出摄像机内外参数，这是射影意义下的标定。如果假设成像深度足够大，即满足平行投影条件，这是可以进行仿射意义下的标定，其结果是由无穷远点引入的同形(homography)矩阵。如果能精确得到摄像机运动的外参数，投影矩阵的分解就可能是唯一的，这时可以得到摄像机内参数，这是最理想的自标定。

3）基于主动视觉的标定方法

鉴于传统方法和自标定方法的不足，人们提出基于主动视觉的摄像机标定方法。所谓基于主动视觉的摄像机标定，是指在“已知摄像机的某些运动信息”下标定摄像机的方法。这里，“已知摄像机的某些运动信息”包括定量信息和定性信息。定量信息如摄像机在平台坐标系下朝某一方向平移某一给定量，摄像机的二平移运动正交等。定性信息如摄像机仅做纯平移运动或纯旋转运动等。基于主动视觉摄像机标定方法的主要优点是由于在标定过程中知道一些摄像机的运动信息，所以一般来说，摄像机的模型参数可以线性求解，因而算法的鲁棒性比较高。目前，基于主动视觉的摄像机标定的研究焦点是在尽量减少对摄像机运动限制的同时仍能线性求解摄像机的模型参数。这里需要指出的是，“尽量减少对摄像机运动的限制”不等于“对摄像机的运动毫无约束”。如果对摄像机的运动毫无约束的话，标定过程本质上是一个多元非线性优化问题，基于主动视觉的标定就回到自标定的范畴。

基于主动视觉的标定方法需要控制摄像机做某些特殊运动，如绕光心旋转或纯平移等，利用这种运动的特殊性可以计算出内参数。该方法的优点是算法简单，往往能获得线性解，缺点是不能适用于摄像机运动未知或无法控制的场合(如手持摄像机等)。这种标定方法利用场景或摄像机运动的信息，对于场景任意、摄像机运动未知的最一般的情形，则都无能为力。

4）其他的一些标定方法

近年来，不少学者还提出一些摄像机的特殊标定方法。如 Fishler 和 Ballas 提出一种几何方法，不用任何具体模型的标定方法，还有使用人工智能方法如人工神经网络、遗传算法进行标定，此外，张正友提出一种介于传统标定方法与自标定方法之间的一个妥协方法。

特别值得一提的是张正友的方法，这是一种适合应用的新的、灵活的方法。这种方法虽然也是使用针孔模型，但是其具体标定是在自标定与传统标定之间的一个妥协方法。这种标定方法既有较好的鲁棒性，又不需昂贵的精制标定块，推动计算机视觉从实验室向实际应用的迈进。它假设标定用平面图板在世界坐标系中 $Z=0$，通过线性模型分析计算得出摄像机参数的优化解，然后用基于最大似然法进行非线性求精。在这个过程中，标定考虑到镜头畸变的目标函数，最后求出所需的摄像机的内、外部参数。

在参考张氏标定法的基础上，结合 Jean-Yves Bouguet 提出的灭点标定方法，进行摄像机的标定，与张氏标定法的相同处在于：平面单映性矩阵的最初始估计相同，最后的最大似然估计相同（略不同的是本处使用的固有模型为 Heikki Silven 的模型，其包括另外两项切线方向的畸变参数）。与张氏标定法不同之处在于：从单映性矩阵进行内参数封闭解的估计有所不同（此处使用 Jean-Yves Bouguet 提出的正交灭点求摄像机的像素焦距），其次在初始化阶段没有进行畸变系数初值的估计（设定畸变参数初值为零）。

2.7.2 双目立体视觉系统的标定

本节制作一张黑白方格相间的模板，打印并贴在一个平面上作为标定过程中所使用的平面标定靶标，如图 2-21 所示。

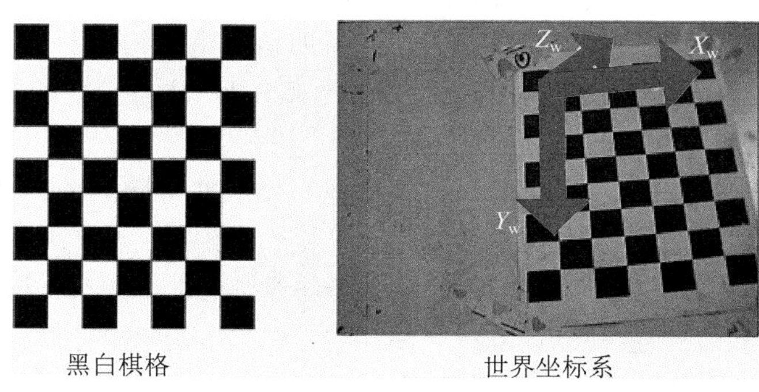

图 2-21 黑白方格模板

在标定过程中，将模板放置在摄像机前拍摄图像，并根据模板的空间位置建立世界坐标系 $O_wX_wY_wZ_w$，使得模板位于世界坐标系的 X_wY_w 平面上，即模板上任一点在世界坐标系中 $Z_w=0$。取黑白棋格的交点作为控制点，并称之为“角点”。因为黑白棋格的物理尺寸已知，在建立如图 2-21 所示的世界坐标系之后，每个角点的世界坐标便已知；同时，利用图像处理的方法，角点的图像坐标也可以容易获得，相应的过程称为“角点提取”。因而，不需要昂贵的标定设备，按照第 1 章介绍的亚像素级角点提取的方法，每个角点的世界坐标和图像坐标都可以容易获得，便可以将角点作为标定过程中的控制点。

很显然，利用一幅模板图并不能对摄像机进行标定，在标定中需要将模板放置在摄像机前不同的位置进行拍摄，对模板所处的每一个空间位置都按上述方法建立世界坐标系。不论模板的空间位置如何变化，摄像机的内部参数都为常数，只有外部参数发生变化。因而可以利用多幅模板图中的控制点来对摄像机的内参数进行估计，最本质的原理可以利用射影几何理论进行解释。

在算法实现上，摄像机标定思路如下：先通过线性标定求得 $\boldsymbol{H}$，然后求得灭点坐标，利用灭点求得焦距作为 $\boldsymbol{A}$ 的初始值；通用 $\boldsymbol{H}$ 和 $\boldsymbol{A}$ 求得每幅模板的外参数初始值；设置畸变参数 k_{c1}，k_{c2}，k_{c3}，k_{c4} 的初始值为零；这些所求得的参数作为非线性搜索的初始值，得到最优化的摄像机内、外参数的最终估计。下面将详细予以描述。

1）计算单映性矩阵 $\boldsymbol{H}$

平面法对 A 进行估计的基本原理包括三个步骤：对每幅模板图，估计相应的 $\boldsymbol{H}$；利用多个 $\boldsymbol{H}$ 估计 $\boldsymbol{A}$；最后可以利用 $\boldsymbol{A}$ 估计各模板的外参数。本步骤的目的是对每幅模板图估计相应的 $\boldsymbol{H}$。

对每幅模板，建立如图 2-22 所示的世界坐标系，在线性成像模型下有

$$s\begin{bmatrix}u\\v\\1\end{bmatrix}=\boldsymbol{A}[\boldsymbol{R}\quad\boldsymbol{T}]\begin{bmatrix}X_w\\Y_w\\Z_w\\1\end{bmatrix}\tag{2-58}$$

式中，$\boldsymbol{A}=\begin{bmatrix}f_x&0&u_0\\0&f_y&v_0\\0&0&1\end{bmatrix}$，含有 4 个独立变量；$[\boldsymbol{R}\quad\boldsymbol{T}]=[r_1\quad r_2\quad r_3\quad t]$，含有 4 个独立变量。

若依据模板建立世界坐标系，则对每个控制点有 $Z_w=0$，成像模型变为

$$s\begin{bmatrix}u\\v\\1\end{bmatrix}=\boldsymbol{A}[r_1 \quad r_2 \quad r_3 \quad t]\begin{bmatrix}X_w\\Y_w\\0\\1\end{bmatrix}=\boldsymbol{A}[r_1 \quad r_2 \quad t]\begin{bmatrix}X_w\\Y_w\\1\end{bmatrix} \tag{2-59}$$

令 $\boldsymbol{m}=[u \quad v \quad 1]^T$，$\boldsymbol{M}=[X_w \quad Y_w \quad 1]^T$，建立控制点的空间坐标与图像坐标之间的单映性关系为

$$\boldsymbol{m}=\boldsymbol{HM} \tag{2-60}$$

式中，$\boldsymbol{H}=[r_1 \quad r_2 \quad t]$，描述控制点的空间坐标与图像坐标之间的映射关系。

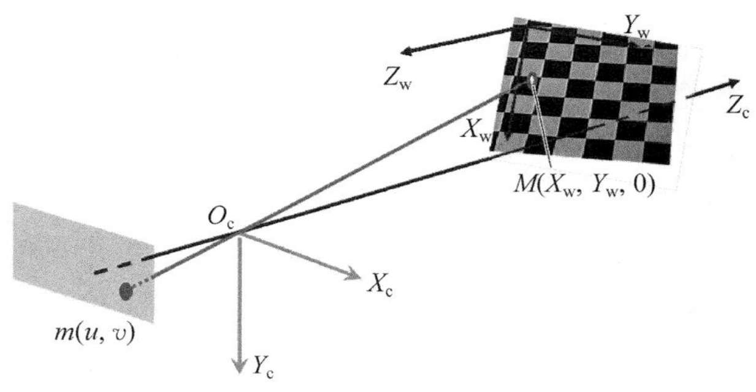

图 2-22　单映性映射

每一个控制点的 $\boldsymbol{H}$ 都不同。但对于同一幅模板图像上的控制点，因 $\boldsymbol{A}[r_1 \quad r_2 \quad t]$固定，故其上的控制点的 $\hat{\boldsymbol{H}}$ 仅相差一尺度因子。对于一幅模板图像，虽然不能完全确定其对应的 $\boldsymbol{A}[r_1 \quad r_2 \quad t]$，但却可以在某种程度上获得关于 $\boldsymbol{A}[r_1 \quad r_2 \quad t]$的约束。例如，可以估计出与其相差某一尺度因子的矩阵 $\boldsymbol{H}=\lambda\boldsymbol{A}[r_1 \quad r_2 \quad t]$。

$\boldsymbol{H}$ 提供关于 $\boldsymbol{A}[r_1 \quad r_2 \quad t]$的约束，也即提供关于 $\boldsymbol{A}$ 的约束。不同的模板，其 $\boldsymbol{H}$ 不同，但是 $\boldsymbol{A}$ 是确定的。因此可以通过多个不同模板的 $\boldsymbol{H}$，最终确定 $\boldsymbol{A}$。

令 $m_i=[u_i \quad v_i]$，M_i 为同一模板上的第 i 个控制点，$\tilde{m}_i(\boldsymbol{H}, M_i)$ 为由 M_i 经 $\boldsymbol{H}$ 计算得到的理想的图像坐标，则有

$$\boldsymbol{H}=\lambda\boldsymbol{A}[r_1 \quad r_2 \quad t]=\begin{bmatrix}h_1 & h_2 & h_3\\h_4 & h_5 & h_6\\h_7 & h_8 & h_9\end{bmatrix} \tag{2-61}$$

$\boldsymbol{H}$ 的求取分两步：首先求得 $\boldsymbol{H}$ 的线性解；然后以线性解为初始值，计算 $\boldsymbol{H}$ 的极大似然估计。

（1）$\boldsymbol{H}$ 的线性解　对每个控制点有

$$s\boldsymbol{m}=\begin{bmatrix}h_1 & h_2 & h_3\\ h_4 & h_5 & h_6\\ h_7 & h_8 & h_9\end{bmatrix}\boldsymbol{M}_i \tag{2-62}$$

消去尺度因子，得到

$$\begin{cases}u_i([h_7 \quad h_8 \quad h_9]\boldsymbol{M}_i{}^{\mathrm{T}})=[h_1 \quad h_2 \quad h_3]\boldsymbol{M}_i{}^{\mathrm{T}}\\ v_i([h_7 \quad h_8 \quad h_9]\boldsymbol{M}_i{}^{\mathrm{T}})=[h_1 \quad h_2 \quad h_3]\boldsymbol{M}_i{}^{\mathrm{T}}\end{cases} \tag{2-63}$$

写成关于$[h_1 \quad \cdots \quad h_9]^{\mathrm{T}}$ 的线性方程形式为

$$\begin{bmatrix}\boldsymbol{M}_i{}^{\mathrm{T}} & 0^{\mathrm{T}} & -u_i\boldsymbol{M}_i{}^{\mathrm{T}}\\ 0^{\mathrm{T}} & \boldsymbol{M}_i{}^{\mathrm{T}} & -v_i\boldsymbol{M}_i{}^{\mathrm{T}}\end{bmatrix}[h_1 \quad \cdots \quad h_9]^{\mathrm{T}}=0 \tag{2-64}$$

若对某一模板取 I 个控制点，每个控制点都满足上述方程，将 I 个上述方程叠加起来，则得到如下超定方程组：

$$\boldsymbol{L}[h_1 \quad \cdots \quad h_9]^{\mathrm{T}}=0 \tag{2-65}$$

式中，$\boldsymbol{L}$ 为大小为 $2I\times 9$ 的矩阵，方程 $\boldsymbol{L}\boldsymbol{h}^{\mathrm{T}}=0$ 有无穷组解，为得到唯一解，需要给解向量附加约束条件，这里以解向量即 $|\boldsymbol{h}|=1$ 作为约束条件，从而可以在最小二乘准则下得到唯一的解向量。

（2）迭代求 $\boldsymbol{H}$ 最优值　利用 SVD 方法求得式(2-65)的初值后，可以进一步利用最小二乘法中的高斯-牛顿法进行迭代求最优解。则有

$$\boldsymbol{h}_{k+1}=\boldsymbol{h}_k-(\boldsymbol{L}_k^{\mathrm{T}}\boldsymbol{L}_k)^{-1}\boldsymbol{L}_k^{\mathrm{T}} \tag{2-66}$$

2）图像像素坐标归一化

在求解式(2-66)时，如果矩阵元素的数值级差值较大，容易产生病态矩阵，会造成解算结果的不稳定，这时可以把像素坐标归一化，坐标归一化的目的是对像素坐标进行二维的图像变换，对点坐标进行平移和缩放，使其形心位于原点，坐标处于[−1, 1]区间。从而使矩阵元素的数值级数减小，提高数值计算的稳定性。坐标归一化方法最早由 Hartley 提出，Hartley 证明在不进行点坐标变换的情况下解会不稳定，因此需要对点坐标进行合适的坐标变换，使其坐标值位于[−1, 1]区间，从而使矩阵元素的数值级数减少，提高数值计算的稳定性。这些

变换包括平移变换和缩放变换。

平移变换是将图像的原点坐标平移至图像的形心，缩放变换则是将各点到形心（平移后的原点）的平均距离缩小到$\sqrt{2}$。具体来说，如果图像点集形心的像素坐标为$(t_u,\ t_v)$，则平移向量为$[-t_u \quad -t_v]$，那么平移变换可以表示为

$$\boldsymbol{m}'^{\mathrm{T}}=\boldsymbol{H}_t\boldsymbol{m}^{\mathrm{T}} \tag{2-67}$$

式中，$\boldsymbol{H}_t$ 为平移矩阵：

$$\boldsymbol{H}_t=\begin{bmatrix}1 & 0 & -t_u\\ 0 & 1 & -t_v\\ 0 & 0 & 1\end{bmatrix}$$

式中，$t_u=\dfrac{1}{n}\sum_{i=1}^{n}u_i,\ t_v=\dfrac{1}{n}\sum_{i=1}^{n}v_i$ 分别是图像点集形心的两个像素坐标值，n 为控制点的个数。

缩放变换可以表示为

$$m'^{\mathrm{T}}=\boldsymbol{H}_{\mathrm{s}}m^{\mathrm{T}} \tag{2-68}$$

式中，$\boldsymbol{H}_{\mathrm{s}}$ 为缩放矩阵：

$$\boldsymbol{H}_{\mathrm{s}}=\begin{bmatrix}s_{\mathrm{a}} & 0 & 0\\ 0 & s_{\mathrm{b}} & 0\\ 0 & 0 & 1\end{bmatrix}$$

缩放因子的计算方法是得到点集中各点到图像形心（平移后的原点）的距离，计算平均距离 d，则 $s_{\mathrm{a}}=s_{\mathrm{b}}=\dfrac{\sqrt{2}}{d}$，如果先进行平移，再进行缩放，那么点的变换矩阵可以表示为

$$m'^{\mathrm{T}}=\boldsymbol{H}_{\mathrm{norm}}m^{\mathrm{T}} \tag{2-69}$$

式中，$\boldsymbol{H}_{\mathrm{norm}}$ 为控制点像素坐标的归一化变化矩阵：

$$H_{\mathrm{norm}}=H_{\mathrm{s}}H_{\mathrm{t}}=\begin{bmatrix}s_{\mathrm{a}} & 0 & -s_{\mathrm{a}}t_u\\ 0 & s_{\mathrm{b}} & -s_{\mathrm{b}}t_v\\ 0 & 0 & 1\end{bmatrix}$$

$$t_u=\frac{1}{n}\sum_{i=1}^{n}u_i,\ t_v=\frac{1}{n}\sum_{i=1}^{n}v_i,\ s_{\mathrm{a}}=s_{\mathrm{b}}=\frac{\sqrt{2}}{\dfrac{1}{n}\sum\limits_{i=1}^{n}\sqrt{(u_i-t_u)^2+(v_i-t_v)^2}}$$

为了便于计算，可用 $s_a = \dfrac{1}{\left(\dfrac{1}{n}\sum_{i=1}^{n} | u_i - t_u |\right)}$，$s_b = \dfrac{1}{\left(\dfrac{1}{n}\sum_{i=1}^{n} | v_i - t_v |\right)}$ 代替上面的缩放因子。

把式(3－66)代入式(3－65)，得 $s\boldsymbol{m}^{\mathrm{T}} = \grave{\boldsymbol{H}}\boldsymbol{M}^{\mathrm{T}}$，其中

$$\grave{\boldsymbol{H}} = \boldsymbol{H}_{\mathrm{norm}} \begin{bmatrix} h_1 & h_2 & h_3 \\ h_4 & h_5 & h_6 \\ h_7 & h_8 & h_9 \end{bmatrix}$$

从而将解算矩阵 $\boldsymbol{H}$ 的问题转换为解算矩阵 $\grave{\boldsymbol{H}}$ 的问题，$\boldsymbol{H} = \boldsymbol{H}_{\mathrm{norm}} \grave{\boldsymbol{H}}$。

3）SVD 方法与齐次方程的最小二乘解

SVD 方法是一种直接解算方法，在处理病态问题中，SVD 方法引起越来越多的关注，若矩阵 $\boldsymbol{L}$ 是秩为 r 的 $m \times n$ 阶实矩阵，记作 $\boldsymbol{L} \in \boldsymbol{R}_r^{m\times n}$，则 $\boldsymbol{L}$ 的 SVD 分解可表示为

$$SVD(\boldsymbol{L}) = \boldsymbol{U}\Sigma\boldsymbol{V}^{\mathrm{T}} \tag{2-70}$$

式中，$\Sigma = \begin{bmatrix} \Sigma_{r\times r} & 0 \\ 0 & 0 \end{bmatrix} = \begin{bmatrix} \sigma_1 & 0 & \cdots & 0 & 0 \\ \vdots & \sigma_1 & \cdots & 0 & 0 \\ \vdots & \vdots & \vdots & \vdots & 0 \\ 0 & 0 & \cdots & \sigma_r & 0 \\ 0 & 0 & \cdots & \cdots & 0 \end{bmatrix}$，$\sigma_1 \geqslant \sigma_2 \geqslant \cdots \sigma_r$

σ_1，σ_2，$\cdots$，σ_r，$0\cdots0$ 称为矩阵 $\boldsymbol{L}$ 的奇异值，$\boldsymbol{U}$ 和 $\boldsymbol{V}$ 为正交矩阵，满足 $\boldsymbol{U}^{\mathrm{T}}\boldsymbol{U} = \boldsymbol{V}^{\mathrm{T}}\boldsymbol{V} = \boldsymbol{I}$。

根据 SVD 的定义得到如下等式：

$$\begin{aligned} SVD(\boldsymbol{L}\boldsymbol{L}^{\mathrm{T}}) &= (\boldsymbol{U\Sigma V}^{\mathrm{T}})(\boldsymbol{U\Sigma V}^{\mathrm{T}})^{\mathrm{T}} = \boldsymbol{U\Sigma V}^{\mathrm{T}}\boldsymbol{V\Sigma}^{\mathrm{T}}\boldsymbol{U}^{\mathrm{T}} \\ &= \boldsymbol{U\Sigma I\Sigma U}^{\mathrm{T}} = \boldsymbol{U\Sigma}^2\boldsymbol{U}^{\mathrm{T}} \\ SVD(\boldsymbol{L}\boldsymbol{L}^{\mathrm{T}}) &= (\boldsymbol{U\Sigma V}^{\mathrm{T}})^{\mathrm{T}}(\boldsymbol{U\Sigma V}^{\mathrm{T}}) = \boldsymbol{V\Sigma U}^{\mathrm{T}}\boldsymbol{V\Sigma}^{\mathrm{T}}\boldsymbol{V}^{\mathrm{T}} \\ &= \boldsymbol{V\Sigma I\Sigma V}^{\mathrm{T}} = \boldsymbol{V\Sigma}^2\boldsymbol{V}^{\mathrm{T}} \end{aligned}$$

求解方程 $L\boldsymbol{h}=0$ 的解等价于求函数 $f(\boldsymbol{h}) = (\boldsymbol{L}\boldsymbol{h})^2$ 的最小值对应的 $\boldsymbol{h}$ 向量。

$$f(\boldsymbol{h}) = (\boldsymbol{L}\boldsymbol{h})^2 = (\boldsymbol{h}^{\mathrm{T}}\boldsymbol{L}^{\mathrm{T}})(\boldsymbol{L}\boldsymbol{h}) = \boldsymbol{h}^{\mathrm{T}}\boldsymbol{L}^{\mathrm{T}}\boldsymbol{L}\boldsymbol{h} = \boldsymbol{h}^{\mathrm{T}}\boldsymbol{V\Sigma}^2\boldsymbol{V}^{\mathrm{T}}\boldsymbol{h} \tag{2-71}$$

令 $\boldsymbol{x} = \boldsymbol{V}^{\mathrm{T}}\boldsymbol{h}$，则 $\boldsymbol{L}\boldsymbol{h}^{\mathrm{T}} = 0$ 的解等价于

$$\begin{cases}\arg\min_x x^{\mathrm{T}}\boldsymbol{\Sigma}^2 x \\ \|\boldsymbol{x}\|=1\end{cases} \tag{2-72}$$

方程 $\boldsymbol{Lh}^{T}=0$ 有无穷组解，为得到唯一解，需要给解向量附加约束条件，这里取解向量即 $|\boldsymbol{h}^{\mathrm{T}}|=1$ 作为约束条件，而 $\boldsymbol{x}=\boldsymbol{V}^{\mathrm{T}}\boldsymbol{h}$，因为 $\boldsymbol{V}$ 为正交矩阵，所以同样有约束条件 $\|\boldsymbol{x}\|=1$，$\boldsymbol{\Sigma}^2$ 是正定对角阵，其对角元素为 σ_i^2，从而有

$$\boldsymbol{x}^{\mathrm{T}}\boldsymbol{\Sigma}^2\boldsymbol{x}=\sum\nolimits_{i=1}^{m}\sigma_i^2 x_i^2 \geqslant \sigma_n^2 x_n^2$$

由于向量 $\|\boldsymbol{x}\|=1$，因此当 $\boldsymbol{x}=(0\quad 0\quad \cdots 1)^{\mathrm{T}}$ 时符号成立，此时 $\boldsymbol{h}=\boldsymbol{Vx}$ 为式(2-71)的解，即分解矩阵 $\boldsymbol{V}$ 的最后一列元素，则 $\boldsymbol{h}=\boldsymbol{H}_{\mathrm{norm}}^{-1}\boldsymbol{Vx}$ 为方程(2-72)的线性解。

4）计算内参数矩阵 $\boldsymbol{A}$

首先从单映性矩阵中提取相应点，已知单映性矩阵 $\boldsymbol{H}$ 满足下式

$$\begin{bmatrix}u\\ v\\ 1\end{bmatrix}=\boldsymbol{H}\begin{bmatrix}\boldsymbol{X}\\ \boldsymbol{Y}\\ 1\end{bmatrix} \tag{2-73}$$

对于空间坐标系中三轴的无穷远点在齐次坐标系下表达分别为 $(1\quad 0\quad 0\quad 0)^{\mathrm{T}}$，$(0\quad 1\quad 0\quad 0)^{\mathrm{T}}$，$(0\quad 0\quad 1\quad 0)^{\mathrm{T}}$，在本系统中由于世界坐标系位于棋盘模板平面，且原点位于棋盘左上角，X 和 Y 分别平行棋盘矩形的两边，则棋盘矩形两对平行线的交点以及对角线的交点在齐次坐标系下分别表示为 $(1\quad 0\quad 0)^{\mathrm{T}}$，$(0\quad 1\quad 0)^{\mathrm{T}}$，$(1\quad 1\quad 0)^{\mathrm{T}}$，$(-1\quad 1\quad 0)^{\mathrm{T}}$，则 v_1，v_2，v_3，v_4 点的像素齐次坐标 $\boldsymbol{v}_1^p\,[a_1\quad b_1\quad c_1]^{\mathrm{T}}$，$\boldsymbol{v}_2^p\,[a_2\quad b_2\quad c_2]^{\mathrm{T}}$，$\boldsymbol{v}_3^p\,[a_3\quad b_3\quad c_3]^{\mathrm{T}}$，$\boldsymbol{v}_4^p\,[a_4\quad b_4\quad c_4]^{\mathrm{T}}$ 可由式(2-73)得到如下关系式：

$$\begin{bmatrix}s_1u_1 & s_2u_2 & s_3u_3 & s_4u_4\\ s_1v_1 & s_2v_2 & s_3v_3 & s_4v_4\\ s_1 & s_2 & s_3 & s_4\end{bmatrix}=\boldsymbol{H}\begin{bmatrix}1 & 0 & 1 & -1\\ 0 & 1 & 1 & 1\\ 0 & 0 & 0 & 0\end{bmatrix} \tag{2-74}$$

$$\begin{bmatrix}a_1 & a_2 & a_3 & a_4\\ b_1 & b_2 & b_3 & b_4\\ c_1 & c_2 & c_3 & c_4\end{bmatrix}=\boldsymbol{H}\begin{bmatrix}1 & 0 & 1 & -1\\ 0 & 1 & 1 & 1\\ 0 & 0 & 0 & 0\end{bmatrix} \tag{2-75}$$

则得相应点的像素坐标，$\boldsymbol{v}_1^p=\boldsymbol{h}_1$，$\boldsymbol{v}_2^p=\boldsymbol{h}_2$，$\boldsymbol{v}_3^p=\boldsymbol{h}_1+\boldsymbol{h}_2$，$\boldsymbol{v}_4^p=-\boldsymbol{h}_1+\boldsymbol{h}_2$
规格化为

$$\boldsymbol{v}_1^p = \frac{\boldsymbol{v}_1^p}{\|\boldsymbol{v}_1^p\|},\ \boldsymbol{v}_2^p = \frac{\boldsymbol{v}_2^p}{\|\boldsymbol{v}_2^p\|},\ \boldsymbol{v}_3^p = \frac{\boldsymbol{v}_3^p}{\|\boldsymbol{v}_3^p\|},\ \boldsymbol{v}_4^p = \frac{\boldsymbol{v}_4^p}{\|\boldsymbol{v}_4^p\|}$$

则方程焦距的方程组为

$$\begin{cases} \dfrac{a_1 a_2}{f_x^2} + \dfrac{b_1 b_2}{f_y^2} + c_1 c_2 = 0 \\ \dfrac{a_3 a_4}{f_x^2} + \dfrac{b_3 b_4}{f_y^2} + c_3 c_4 = 0 \end{cases} \tag{2-76}$$

令 $\boldsymbol{u} = [u_1 \quad u_2]^{\mathrm{T}} = \begin{bmatrix} \dfrac{1}{f_x^2} & \dfrac{1}{f_y^2} \end{bmatrix}^{\mathrm{T}}$,则

$$\boldsymbol{F}_i \boldsymbol{u} = \boldsymbol{b}_i \tag{2-77}$$

式中，$\boldsymbol{F}_i = \begin{bmatrix} a_1 a_2 & b_1 b_2 \\ a_3 a_4 & b_3 b_4 \end{bmatrix}$, $\boldsymbol{b}_i = -\begin{bmatrix} c_1 c_2 \\ c_3 c_4 \end{bmatrix}$,如果参与标定的图像数量为 N,每幅图满足上述方程,将 N 个上述方程叠加起来,则得到如下超定方程：

$$\boldsymbol{F}\boldsymbol{u} = \boldsymbol{b} \tag{2-78}$$

式中，$\boldsymbol{F} = \begin{bmatrix} \vdots & \vdots \\ a_{i1} a_{i2} & b_{i1} b_{i2} \\ a_{i3} a_{i4} & b_{i3} b_{i4} \\ \vdots & \vdots \end{bmatrix}$, $\boldsymbol{b} = -\begin{bmatrix} \vdots \\ c_{i1} c_{i2} \\ c_{i3} c_{i4} \\ \vdots \end{bmatrix}$,矩阵 $\boldsymbol{F}$ 的大小为 $2N \times 2$,向量 $\boldsymbol{b}$ 的大小为 $2N \times 2$。利用最小二乘法解上述超定方程,得像素焦距为

$$\boldsymbol{f} = \sqrt{\|\boldsymbol{u}\|} \tag{2-79}$$

式中，$\boldsymbol{f} = [f_x \quad f_y]^{\mathrm{T}}$, $\boldsymbol{u} = (\mathbf{A}^{\mathrm{T}}\mathbf{A})^{-1}\mathbf{A}^{\mathrm{T}}\boldsymbol{b}$,当 f_x 和 f_y 求解出来后,令主点坐标 (u_0, v_0) 为图像中点的坐标,这时内参数矩阵 $\boldsymbol{A}$ 初值完全确定如下式：

$$\boldsymbol{A} = \begin{bmatrix} f_x & 0 & u_0 \\ 0 & f_y & v_0 \\ 0 & 0 & 1 \end{bmatrix} \tag{2-80}$$

5）计算各模板的外参数

当 $\boldsymbol{A}$ 求解出来后,便很容易利用各模板的 $\boldsymbol{H}$ 计算出各模板的外参数 $[\boldsymbol{R} \quad \boldsymbol{T}]$。由于在前面的数值计算中得到的 $\boldsymbol{H}$ 和 $\boldsymbol{A}$ 都有误差,因而利用 $\boldsymbol{H}$ 和 $\boldsymbol{A}$ 计算得到的 $\boldsymbol{R}$ 一般并不能满足旋转矩阵的特性。还需要对计算得到的 $\boldsymbol{R}$ 进行

优化求精，使其满足旋转矩阵的性质。

(1) 外参数$[\boldsymbol{R} \quad \boldsymbol{T}]$的求解　每幅模板的$\boldsymbol{H}$都能提供关于$\boldsymbol{A}$的约束，具体的约束由旋转矩阵$\boldsymbol{R}=[r_1 \quad r_2 \quad r_3]$的正交性推导得到。旋转矩阵$\boldsymbol{R}$的正交性为

$$\begin{cases} r_1^{\mathrm{T}} r_2 = 0 \\ r_1^{\mathrm{T}} r_1 = r_2^{\mathrm{T}} r_2 \end{cases} \tag{2-81}$$

因而可以推导得到

$$\begin{cases} [h_1 \quad h_4 \quad h_7] \boldsymbol{A}^{-\mathrm{T}} \boldsymbol{A}^{-1} [h_2 \quad h_5 \quad h_8]^{\mathrm{T}} = 0 \\ [h_1 \quad h_4 \quad h_7] \boldsymbol{A}^{-\mathrm{T}} \boldsymbol{A}^{-1} [h_1 \quad h_4 \quad h_7]^{\mathrm{T}} = [h_2 \quad h_5 \quad h_8] \boldsymbol{A}^{-\mathrm{T}} \boldsymbol{A}^{-1} [h_2 \quad h_5 \quad h_8]^{\mathrm{T}} \end{cases} \tag{2-82}$$

外参数$\{r_1 \quad r_2 \quad r_3 \quad t\}$和$\boldsymbol{H}$的尺度因子$\lambda$很容易由$\boldsymbol{H}$与$[\boldsymbol{R} \quad \boldsymbol{T}]$的关系求得

$$\begin{cases} \lambda = (\boldsymbol{A}^{-1} [h_1 \quad h_4 \quad h_7]^{\mathrm{T}})^{-1} = (\boldsymbol{A}^{-1} [h_2 \quad h_5 \quad h_8]^{\mathrm{T}})^{-1} \\ r_1 = \lambda \boldsymbol{A}^{-1} [h_1 \quad h_4 \quad h_7]^{\mathrm{T}} \\ r_2 = \lambda \boldsymbol{A}^{-1} [h_2 \quad h_5 \quad h_8]^{\mathrm{T}} \\ r_3 = r_1 r_2 \\ t = \lambda \boldsymbol{A}^{-1} [h_3 \quad h_6 \quad h_9]^{\mathrm{T}} \end{cases} \tag{2-83}$$

(2) $\boldsymbol{R}$的优化求解　对$\boldsymbol{R}$的优化求解就是求解一旋转矩阵，使其最接近前一步中所得到的矩阵$\boldsymbol{R}$的粗略值。将前一步中所得到的矩阵$\boldsymbol{R}$的粗略值赋给矩阵$\boldsymbol{Q}$，$\boldsymbol{R}$的最优值可以通过以下最小化问题求得，如下式：

$$\boldsymbol{R} = \arg\min_{\boldsymbol{H}} \| \boldsymbol{R} - \boldsymbol{Q} \|_F^2, \ \boldsymbol{R}^{\mathrm{T}} \boldsymbol{R} = \boldsymbol{I} \tag{2-84}$$

式中，$\| \boldsymbol{R} - \boldsymbol{Q} \|_F^2$为 Frobenius 范数，如下式：

$$\| \boldsymbol{R} - \boldsymbol{Q} \|_F^2 = \mathrm{tr}((\boldsymbol{R} - \boldsymbol{Q})^{\mathrm{T}} (\boldsymbol{R} - \boldsymbol{Q})) = 3 + \mathrm{tr}(\boldsymbol{Q}^{\mathrm{T}} \boldsymbol{Q}) - 2\mathrm{tr}(\boldsymbol{R}^{\mathrm{T}} \boldsymbol{Q}) \tag{2-85}$$

并对$\boldsymbol{Q}$做奇异值分解，则有

$$\boldsymbol{Q} = \boldsymbol{USV}^{\mathrm{T}} = \boldsymbol{U} \mathrm{diag}(\sigma_1 \quad \sigma_2 \quad \sigma_3) \boldsymbol{V}^{\mathrm{T}} \tag{2-86}$$

则上述最小化问题变为$\mathrm{tr}(\boldsymbol{R}^{\mathrm{T}} \boldsymbol{Q})$的最小化问题，则有

$$\mathrm{tr}(\boldsymbol{R}^{\mathrm{T}}\boldsymbol{Q}) = \mathrm{tr}(\boldsymbol{R}^{\mathrm{T}}\boldsymbol{USV}^{\mathrm{T}}) = \mathrm{tr}(\boldsymbol{V}^{\mathrm{T}}\boldsymbol{R}^{\mathrm{T}}\boldsymbol{US}) \leqslant \sum\nolimits_{i}\sigma_{i} \tag{2-87}$$

当正交矩阵 $\boldsymbol{V}^{\mathrm{T}}\boldsymbol{R}^{\mathrm{T}}\boldsymbol{U}$ 为单位矩阵时，上述问题取得最小值，此时得最优的旋转矩阵 $\boldsymbol{R}$。

6）计算摄像机全体参数的极大似然估计

本步骤的目的是利用所有的控制点，求取摄像机的全体参数的极大似然估计值，包括内参数 $\{\boldsymbol{A}\quad k_{\mathrm{c1}}\quad k_{\mathrm{c2}}\quad k_{\mathrm{c3}}\quad k_{\mathrm{c4}}\}$ 和各模板的外参数 $\{\{\boldsymbol{R}_j\quad \boldsymbol{T}_j\}\quad \cdots\quad \{\boldsymbol{R}_J\quad \boldsymbol{T}_J\}\}$（假设有 J 幅模板），并将所得的估计值作为摄像机参数的最终估计。

假设有 J 幅模板，$\{\boldsymbol{R}_j\quad \boldsymbol{T}_j\}$ 为第 j 幅模板的外参数，每幅模板上有 I 个控制点，则共有 $J\times I$ 个控制点。令 $\{\boldsymbol{m}_{ji}\quad \boldsymbol{M}_{ji}\}$ 为第 j 幅模板上的第 i 个控制点。

令 $\tilde{m}_{ji}(\boldsymbol{A}\quad k_{\mathrm{c1}}\quad k_{\mathrm{c2}}\quad k_{\mathrm{c3}}\quad k_{\mathrm{c4}}\quad \boldsymbol{R}_j\quad \boldsymbol{T}_j)$ 为 $\boldsymbol{M}_{ji}$ 在参数 $\{\boldsymbol{A}\quad k_{\mathrm{c1}}\quad k_{\mathrm{c2}}\quad k_{\mathrm{c3}}\quad k_{\mathrm{c4}}\}$ 和 $\{\boldsymbol{R}_j\quad \boldsymbol{T}_j\}$ 下的投影，为控制点的理想图像坐标，其计算方法为

$$[\boldsymbol{X}_{\mathrm{c}}\quad \boldsymbol{Y}_{\mathrm{c}}\quad \boldsymbol{Z}_{\mathrm{c}}]^{\mathrm{T}} = [\boldsymbol{R}_j\quad \boldsymbol{T}_j]\,[\boldsymbol{M}_{ji}^{\mathrm{T}}\quad 0\quad 1]^{\mathrm{T}} \tag{2-88}$$

$$[\tilde{x}_{\mathrm{c}}\quad \tilde{y}_{\mathrm{c}}\quad 1]^{\mathrm{T}} = \frac{1}{Z_{\mathrm{c}}}[\boldsymbol{X}_{\mathrm{c}}\quad \boldsymbol{Y}_{\mathrm{c}}\quad \boldsymbol{Z}_{\mathrm{c}}]^{\mathrm{T}} \tag{2-89}$$

$$\begin{aligned} x_{\mathrm{n}} &= \tilde{x}_{\mathrm{n}} + \delta_{\mathrm{r}x} + \delta_{\mathrm{t}x} = (1 + k_{\mathrm{c1}}r^2 + k_{\mathrm{c2}}r^4)\tilde{x}_{\mathrm{n}} + 2k_{\mathrm{c3}}\tilde{x}_{\mathrm{n}}\tilde{y}_{\mathrm{n}} + k_{\mathrm{c4}}(3\tilde{x}_{\mathrm{n}}^2 + \tilde{y}_{\mathrm{n}}^2) \\ y_{\mathrm{n}} &= \tilde{y}_{\mathrm{n}} + \delta_{\mathrm{ry}} + \delta_{\mathrm{ty}} = (1 + k_{\mathrm{c1}}r^2 + k_{\mathrm{c2}}r^4)\tilde{y}_{\mathrm{n}} + k_{\mathrm{c3}}(3\tilde{x}_{\mathrm{n}}^2 + \tilde{y}_{\mathrm{n}}^2) + 2k_{\mathrm{c4}}\tilde{x}_{\mathrm{n}}\tilde{y}_{\mathrm{n}} \end{aligned} \tag{2-90}$$

$$[\tilde{m}_{ji}(\boldsymbol{A}\quad k_{\mathrm{c1}}\quad k_{\mathrm{c2}}\quad k_{\mathrm{c3}}\quad k_{\mathrm{c4}}\quad \boldsymbol{R}_j\quad \boldsymbol{T}_j)^{\mathrm{T}}\quad 1]^{\mathrm{T}} = \boldsymbol{A}\,[x_{\mathrm{n}}\quad y_{\mathrm{n}}\quad 1]^{\mathrm{T}} \tag{2-91}$$

对噪声按一般情况建模。利用 $J\times I$ 个控制点，摄像机参数的极大似然估计为

$$\begin{aligned} &\begin{matrix}\{A\quad k_{\mathrm{c1}}\quad k_{\mathrm{c2}}\quad k_{\mathrm{c3}}\quad k_{\mathrm{c4}}\} \\ \{\{R_1\quad T_1\}\quad \cdots\quad \{R_J\quad T_J\}\}\end{matrix} = \\ &\arg\min \sum_{j=1}^{J}\sum_{i=1}^{I} \| m_{ji} - \tilde{m}_{ji}(A\quad k_{\mathrm{c1}}\quad k_{\mathrm{c2}}\quad k_{\mathrm{c3}}\quad k_{\mathrm{c4}}\quad R_j\quad T_j) \|^2 \end{aligned} \tag{2-92}$$

上述的非线性最小化问题可以利用 Levenberg-Marquardt 迭代算法求解，

各参数迭代初始值为前面各步骤中求得的 $\boldsymbol{A}$ 和$\{\{\boldsymbol{R}_1 \quad \boldsymbol{T}_1\} \quad \cdots \quad \{\boldsymbol{R}_J \quad \boldsymbol{T}_J\}\}$，而摄像机的 4 个畸变系数 k_{c1}，k_{c2}，k_{c3}，k_{c4} 初值均为零。

7）旋转矩阵的表示

此外，在迭代计算的过程中，各参数之间不能有约束关系，应该是独立的，才能得到最优解。即需要将旋转矩阵 $\boldsymbol{R}$ 用 3 个独立的参数描述，而不能用矩阵的 9 个参数表示，因为旋转矩阵仅含有 3 个独立的变量。

旋转矩阵一般可以用欧拉角描述，即用被称为欧拉角的 3 个独立角度变量$\{\psi \quad \theta \quad \phi\}$描述旋转变换分别在 x，y，z 轴上的旋转角度。则旋转矩阵 $\boldsymbol{R}$ 可以用$\{\psi \quad \theta \quad \phi\}$表示为

$$\boldsymbol{R}=\begin{bmatrix} \cos\phi\cos\theta & \cos\phi\sin\psi-\sin\phi & \cos\phi\sin\theta\cos\psi-\sin\phi\sin\psi \\ \sin\phi\sin\theta & \sin\phi\sin\theta\sin\psi+\cos\theta\cos\psi & \sin\phi\sin\theta\cos\psi+\cos\phi\sin\psi \\ -\sin\theta & \cos\theta\sin\psi & \cos\theta\cos\psi \end{bmatrix}$$

为计算方便，此处采用另外一种描述方法。用一个三维向量 $\boldsymbol{r}=[r_a \quad r_b \quad r_c]^{\mathrm{T}}$ 表示旋转变换，它的方向就是旋转轴的方向，它的模等于旋转角。旋转矩阵 $\boldsymbol{R}$ 与 $\boldsymbol{r}$ 之间变换关系由 Rodrigues 公式描述为

$$\begin{aligned} \boldsymbol{R}&=\mathrm{e}^{[r]_\times}=\boldsymbol{I}+\frac{\sin\theta}{\theta}[\boldsymbol{r}]_\times+\frac{1-\cos\theta}{\theta^2}[\boldsymbol{r}]_\times^2 \\ &=\boldsymbol{I}\cos\theta+\frac{\sin\theta}{\theta}[\boldsymbol{r}]_\times+\boldsymbol{r}\boldsymbol{r}^{\mathrm{T}}\frac{1-\cos\theta}{\theta^2} \end{aligned} \tag{2-93}$$

$$\begin{cases} \boldsymbol{R}\boldsymbol{x}=\boldsymbol{x} \\ 1+2\cos(\|\boldsymbol{x}\|)=\mathrm{tr}(\boldsymbol{R}) \end{cases} \tag{2-94}$$

式中，$[\boldsymbol{r}]_\times=\begin{bmatrix} 0 & -r_c & r_b \\ r_c & 0 & -r_a \\ -r_b & r_a & 0 \end{bmatrix}$ 为由 $\boldsymbol{r}$ 确定的反对称矩阵；$\theta=\|\boldsymbol{r}\|=\sqrt{r_a^2+r_b^2+r_c^2}$ 为 $\boldsymbol{r}$ 的模。

在前面极大似然估计的迭代计算中，以 $\boldsymbol{r}$ 作为参数代表旋转矩阵 $\boldsymbol{R}$ 进行计算，$\boldsymbol{r}$ 与 $\boldsymbol{R}$ 之间通过 Rodrigues 公式相互转换。

2.7.3 立体标定

立体标定的目的如下：估计出双目立体视觉系统的外参数$[\boldsymbol{R} \quad \boldsymbol{T}]$，即左摄像机坐标系相对于右摄像机坐标系的旋转矩阵 $\boldsymbol{R}$ 和平移矩阵 $\boldsymbol{T}$。

此处可以利用前面摄像机标定中得到的标定结果，对双目立体视觉系统的外参数[$\boldsymbol{R}\quad\boldsymbol{T}$]进行估计。

对空间中的每一幅模板，同时利用两摄像机对其进行拍照。该模板的世界坐标系与左摄像机坐标系之间的关系由在左摄像机标定中所得到的该模板的外参数描述；与右摄像机坐标系之间的关系同样可以在对右摄像机的标定过程中获得，如图 2-23 所示。

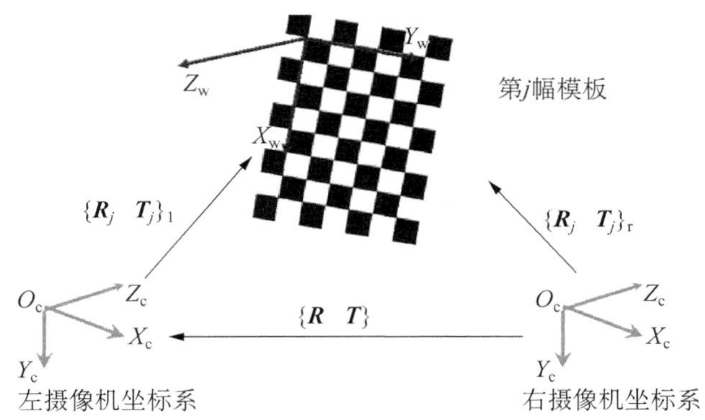

图 2-23　立体标定

对第 j 幅模板，$\{\boldsymbol{R}_j^{\mathrm{L}}\quad\boldsymbol{T}_j^{\mathrm{L}}\}$为在左摄像机标定中得到的该模板的外参数，$\{\boldsymbol{R}_j^{\mathrm{R}}\quad\boldsymbol{T}_j^{\mathrm{R}}\}$为在右摄像机标定中得到的该模板的外参数，则存在如下关系式：

$$\begin{bmatrix}X_l\\Y_l\\Z_l\end{bmatrix}=\boldsymbol{R}_l\begin{bmatrix}X_w\\Y_w\\Z_w\end{bmatrix}+\boldsymbol{T}_l \tag{2-95}$$

$$\begin{bmatrix}X_r\\Y_r\\Z_r\end{bmatrix}=\boldsymbol{R}_r\begin{bmatrix}X_w\\Y_w\\Z_w\end{bmatrix}+\boldsymbol{T}_r \tag{2-96}$$

两式联解可得

$$\begin{bmatrix}X_w\\Y_w\\Z_w\end{bmatrix}=\boldsymbol{R}_l^{-1}\left(\begin{bmatrix}X_l\\Y_l\\Z_l\end{bmatrix}-\boldsymbol{T}_l\right)=\boldsymbol{R}_l^{\mathrm{T}}\left(\begin{bmatrix}X_l\\Y_l\\Z_l\end{bmatrix}-\boldsymbol{T}_l\right) \tag{2-97}$$

式(2-97)代入式(2-96)，得

$$\begin{bmatrix} X_r \\ Y_r \\ Z_r \end{bmatrix} = \boldsymbol{R} \begin{bmatrix} X_l \\ Y_l \\ Z_l \end{bmatrix} + \boldsymbol{T} \tag{2-98}$$

式中，$\boldsymbol{R} = \boldsymbol{R}_r \boldsymbol{R}_l^T$，$\boldsymbol{T} = \boldsymbol{T}_r - \boldsymbol{R}_r \boldsymbol{T}_l$。

若模板的数量为 J，则共有 J 组外参数 $\boldsymbol{R}$ 和 $\boldsymbol{T}$，可取其中位数作为参数初值，利用 Levenberg-Marquardt 迭代算法重新优化所有参数。

2.8 视觉系统目标与设计

计算机视觉系统是体现机器人智能的核心部分，水下焊接计算机视觉系统主要具备以下功能：

利用手臂上的双目视觉获取物体不同角度的 2 幅图像；

对 2 幅图像进行处理，并能框取目标物对 2 幅图像进行处理；

对 2 幅图像进行处理，获取目标物三维模型上特征点的三维坐标，主要是获得目标点的深度信息。

视觉系统获得目标物三维坐标后，将其通过通信模块发送给控制系统，由控制系统完成对目标点的焊接。视觉系统的总体设计如下：

视觉系统由七部分组成：图像采集与显示、图像匹配、摄像机离线标定、三维求距、上位机控制子系统、遥操作子系统、串口通信。

图 2－24 是该系统在整个机器人系统中的总体层次图，图 2－25 是视觉系统总的功能框图。

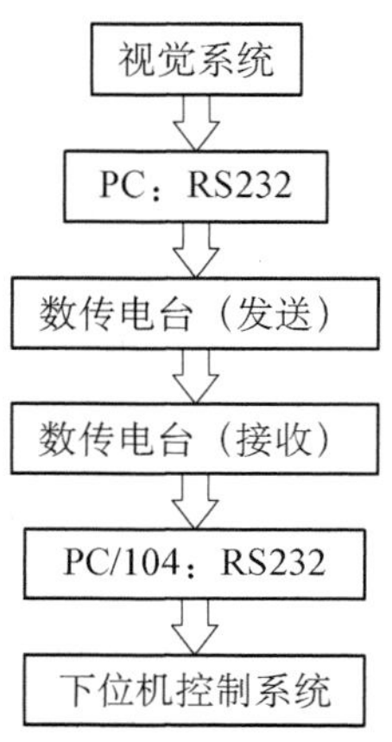

图 2－24　视觉系统在整个系统中的位置

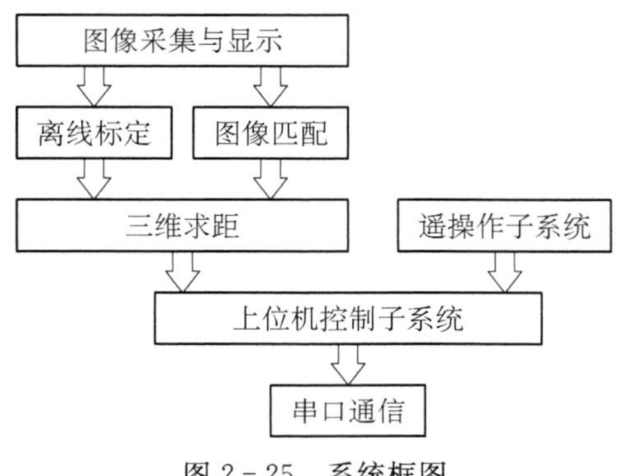

图 2-25　系统框图

图像的采集与显示是计算机对周围空间物体进行解释与理解的前提。在水下焊接机器人系统中，视频图像系统相当于它的“眼睛”，将水下焊接现场的图像信息传回后方控制台，通过图像处理，机器人识别裂缝。图像采集卡的作用主要是将模拟图像转换为计算机能识别的数字图像，然后在对应的程序窗口中进行显示。

双目匹配模块的目的是找到场景中物体在左右图像中的像素位置，以便进行下一步三维坐标的计算，该模块的输入为图像采集卡中左右摄像机两通道采集到的 RGB 图像，输出为共轭对(物体在两摄像机中的投影点)的像素坐标。

摄像机离线标定模块的目的是辨识左右两摄头的内参数以及左右两摄头之间的外参数。标定是视觉系统的一个基础，为后面视觉计算提供条件，输入为多幅棋盘模板的图像，输出为左右摄像机的内参数以及右摄像头相对于左摄像机的外参数。

三维坐标计算模块的目的是计算空间物体的三维坐标，通过共轭对的位置和标定后的摄像机的内参数以及外参数，计算出场景中物体的三维坐标。

上位机控制子系统的主要功能是发送机器人本体运动的控制指令。如机器人单关节运动、多关节联运、车体运动等，这些指令通过串口通信模块最终到达下位机。

遥操作子系统的主要功能是根据遥控手柄不同的按钮组合调用相应的控制指令，实质为上位机控制子系统中的一个子块。

串口通信模块主要负责 PC 机与下位机 PC/104 的数据通信。是上位机控制子系统的基础，把相应控制指令以数据包形式传递给下位机或者接收下位机反馈给上位机控制子系统的数据。

2.8.1 视觉系统的硬件平台和软件平台

1）硬件平台

硬件作为整个视觉系统的基础，是至关重要的一部分，其硬件环境的选择恰当与否对整个视觉系统有着较大的影响。

在本机器人双目立体视觉子系统中，共有三台摄像机，其中两摄像机安装在机械臂的小臂上，作为机器人计算物体坐标的“双眼”。另外一台广角摄像机安装在与腰关节相连的连杆上，用于机器人车体行走的“后视镜”。三台摄像机采集的图像通过无线图像传送设备传送到后台服务器。后台接收到图像后，通过安装在计算机中的图像采集卡，便可以将图像送入计算机进行处理，处理结果通过数据传输电台再传送给 PC/105。

搭建该视觉系统所需要的硬件设备包括摄像机、无线图像收发器、图像采集卡、服务器和数传电台。各硬件之间的关系如图 2－26 所示。

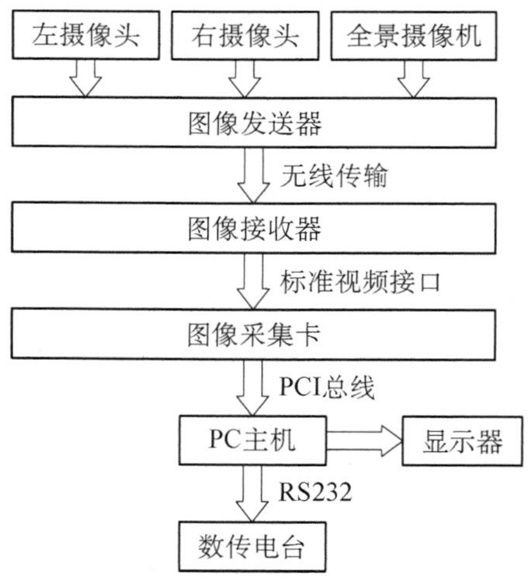

图 2－26 各硬件之间的关系

2）软件平台

视觉系统软件运行于服务器的 Windows10 平台，软件开发环境基于 Microsoft Visual 2010、DirectInput、Evision 6.7 和 OpenCV。

Microsoft Visual 2010 是运行于 Windows 平台上的交互式可视化集成开发环境，它集程序的代码编辑、编译、连接和调试功能于一体。其不但支持所有 Windows API 函数，而且提供 MFC 类库。MFC 提供面向对象的 Windows 应

用程序接口，它有效地简化编写 Windows 应用程序的难度，缩短开发周期。

DirectInput 是有关鼠标、键盘、游戏杆和其他游戏控制设备以及力回馈设备的一组 API。DirectInput 允许程序从输入设备中获取数据，即使当程序在后台运行。它同时提供对所有输入设备的全面支持，包括力回馈设备。本系统中通过 DirectInput 编程获取当前游戏摇杆的状态。

Evision 计算机视觉软件包是由比利时 Euresys 公司推出的一套计算机视觉软件开发 SDK，调用 Evision 中提供的图像处理算法可以进行图像的相关处理。Evision6.2 软件是专门针对计算机视觉的一套图像处理应用软件，它覆盖大多数的数字图像处理技术，适于图像采集、图像处理、三维测距、图像识别等应用，该软件基于面向对象程序 OOP，允许用户进行二次开发。

OpenCV 是 Intel 公司支持的开源计算机视觉库，可用来实现一些常用的图像处理及计算机视觉算法。与 Evision 软件包需支付昂贵的费用相比，OpenCV 对非商业应用和商业应用都是免费的。

2.9　视觉系统的详细设计

2.9.1　图像采集与显示

计算机通常不能直接处理摄像机采集的图像，必须把图像通过数字化形成数字图像，形成能够被计算机处理的格式，这个过程为图像采集和数字化。

本系统采用 Euresys 公司的 Picolo Tetra 视频采集卡，Picolo Tetra 是一款高性价比的 PCI 图像采集卡，适用于并行实时采集多台摄像机的图像。Picolo Tetra 具有良好的视频流和视频切换的管理能力。由于卡上带有 4 个独立的视频 A/D 转换器，使 Picolo Tetra 可以以每路每秒 25 帧的速度同时从 4 台摄像机采集 768×576(PAL)的图像。Picolo Tetra 最多可以连接 3 个视频扩展模块，使视频输入最大达到 16 路，Picolo Tetra 卡上集成一个硬件看门狗，用于监视应用程序的运行状态。如当应用程序出现死机时，看门狗立即对 PC 硬复位，重新启动系统，确保无人值守系统的可靠运行。Picolo Tetra 采用 64 b 和 66 MHz 的 PCI 总线。该总线的最高数据传输带宽可达 528 MB/s。

MultiCam 是所有 Euresys 采集卡的通用驱动软件和编程接口。它可以同时驱动多块 Euresys 采集卡和多台摄像机，同时支持一个或多个应用程序。Euresys 的驱动可以支持各种摄像机、操作系统和开发环境，适用于几乎所有的计算机视觉应用。

MultiCam 用“通道”的概念将摄像机和 PC 内存联系在一起。“通道”含有所有与视频采集相关的参数及控制，如摄像机类型、采集方式、图像尺寸和格式等，程序中只需简单地设置这些参数就可完成图像采集。为进一步方便用户编程及摄像机设置，MultiCam 将“通道”相关的参数写入一个 CAM 文件里。不同的摄像机及其不同的图像采集方法有不同的 CAM 文件。Euresys 的 MultiCam 中几乎包含所有常用的工业摄像机的 CAM 文件，从而极大地简化了摄像机和 Euresys 采集卡的接口工作。MultiCam 支持常用的开发环境。MultiCam 的底层 API 是标准 C。它也提供 ActiveX 用于支持如 Visual Basic 等高级语言。

“通道”的设计概念大大地简化了视频监控应用中多通道摄像机切换的管理。采集时可以同时采集全部“通道”，MultiCam 自动管理摄像机之间的切换以及显示刷新速率。由于 MultiCam 支持多线程，所以图像处理和采集可以并行，从而加快整体的处理效率。

EasyMultiCam2 作为 eVision 工具库的一部分，是 MultiCam 的 C＋＋类库，可以支持 C＋＋及.NET，方便熟习 OOP 编程的工程师的项目开发，它为图像采集卡提供易于使用而有效的一个抽象层，可以把它看作是图像采集卡的高级驱动程序，每个 CCD 相机实例代表一个 MultiCam 信道。

视频采集卡的初始化是在程序的初始化阶段进行的。视频采集卡的驱动免费提供 EEmcMs80.lib EasyMs60.lib 静态链接库和 EasyMultiCam.h 头文件，其中包括视频采集卡的所有参数和操作函数，在系统中只需调用链接库中的函数就可以操作视频采集卡进行视频图像的采集。

2.9.2 视频采集卡的初始化设置

图像的采集完全是通过视频采集卡操作，利用视频采集卡自带的驱动程序，在完成对采集卡的初始化后，就可以通过调用它驱动函数库中的图像采集函数采集图像，这样就把对硬件的操作完全用软件屏蔽起来。以后视频的采集就可以通过软件完全控制。

EasyMultiCam2 由 Configuration，Board，Channel，Surface 4 个类组成：

(1) Configuration 类用来配置 MultiCam 驱动，系统中只存在一个用 Configuration 定义的全局对象，且由系统自动创建，不需要用户定义。

(2) Board 类是由系统自动创建的全局数组，每个 Board 对象代表一块 EURESYS 图像采集卡，例如 Boards[0]代表 PC 上的第一块 EURESYS 图像采集卡，Board[1]代表 PC 上的第二块 EURESYS 图像采集卡。

(3) Channel 类代表 MultiCam 的通道相关类，所有通道的参数设置都通过

此类实现，本系统采用的图像采集板卡有 4 个通道，可以同时接入 4 台摄像机。

(4) Surface 类代表图像缓存区，用于应用程序在获取图像时管理图像。

由于 Configuration 类和 Board 类是由系统自动定义对象，且会根据系统的板卡自动进行初始化，此处要做的工作是设置通道的参数，注册回调函数，然后提取图像缓存区的图像数据即可。

采集卡通道初始化流程如图 2-27 所示，相应模块介绍如下。

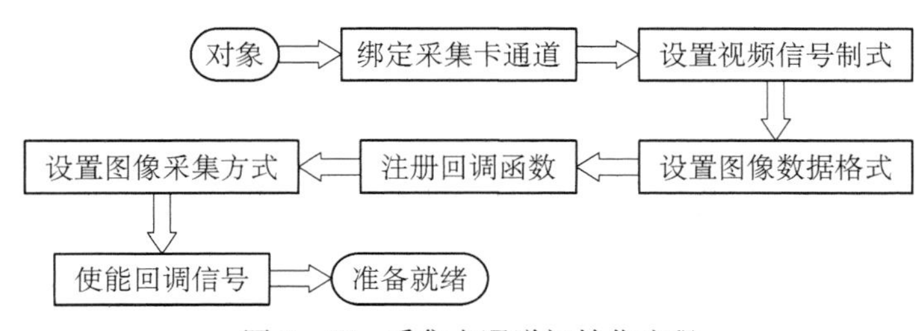

图 2-27　采集卡通道初始化流程

动态生成 Channel 对象且绑定采集卡通道：

调用 Channel 类的构造函数 Channel(Board * board, const char * Connector) 动态创建 Channel 对像，其中构造函数的一个参数为 Board 类指针，如果是对应 PC 上第一块图像采集卡则为 Boards[0]，第二块采集卡对应 Boards[1]，以此类推，总共可以支持 4 块图像采集卡。Boards 数组是由系统自动生成的全局变量，数组的长度为 4。参数 Connector 为字符串类型，指明图像采集卡的通道号，"VID1"表示 Picolo 图像采集卡的第一个通道，"VID2"表示 Picolo 图像采集卡的第二个通道，其余两个通道类似定义。本系统中用到图像采集卡的 3 个通道，即"VID1""VID2""VID3"。

设置视频信号制式：

调用 Channel 类的成员函数 void SetParam(param, value)，参数 param 表示要设置的参数，value 表示设置参数的值，在本系统中，这里 param 参数为 MC_CamFile，value 值为"PAL. cam"，"PAL. cam"表示摄像机为 PAL 制式。

设置图像数据格式：

同样调用 Channel 类的成员函数 void SetParam(param, value)， 在本系统中，这里 param 参数为 MC_ColorFormat，value 值为"MC_ColorFormat_RGB24"，"MC_ColorFormat_RGB24"表示图像格式为 24 位的 RBG 格式。

注册回调函数：

调用 Channel 对象的成员函数 void RegisterCallback(T * owner, void

(T:: * callbackMethod)(Channel &, SignalInfo &), MCSIGNAL signal); callbackMethod 为回调函数的指针，此回调函数为自定义的函数，回调函数的输入参数为(Channel&, SignalInfo &), T 为此回调函数的拥有者，SignalInfo 中存有图像缓冲区信息，参数 signal 表示与回调函数相对应的信号，本系统中 signal 为 MC_SIG_SURFACE_PROCESSING。当注册成功后，开启回调函数，每当图像采集卡抓取到新的图像帧后就会触发回调函数，同时把图像采集卡相应通道的图像缓存区地址传递给回调函数。

使能回调信号：

调用成员函数 void SetParam(param, value)，本系统中 param 参数为 MC_SignalEnable + MC _ SIG _ SURFACE _ PROCESSING, value 值为 MC_SignalEnable_ON，表示启动 MC_SIG_SURFACE_PROCESSING 信号。

设置通道获取图像的模式：

调用成员函数 void SetParam (param, value)，参数 param 为 MC_SeqLength_Fr，表示为设置采集图像的模式，本系统中 value 值为 MC_INFINITE，表示连续采集图像。

准备就绪：

调用成员函数 void Prepare()，此函数保证所有的配置操作全部完成，一旦触发采集命令就可以马上进行图像的采集。

2.9.3 视频采集卡的采集设置

在上面完成采集卡的参数配置工作的前提下，调用 Channel 对象的成员函数 SetActive()启动采集卡进行图像采集，这时每当采集卡的相应通道的缓存区有新的图像数据，程序将进入之前注册的回调函数，在回调函数中取出缓冲区的信息，然后调用函数 void UpdateImageConfig(const Surface & s, EImageC24 & img)，把缓存区的图像数据赋值给 EImageC24 定义的图像对象，然后在 MFC 中的视图中进行显示。这样就可以在程序中看到摄像头所拍摄到的图像。

三维场景中的物体经过光学系统转换成图像信息，通过图像无线传输模块传至图像采集卡，最终进行数字采集且显示，这其中由于设备、传输信道和客观条件等限制，输出图像的质量可能会有所下降，会包含各种各样的随机噪声和畸变。为提高机器人的视觉功能，需要去除和修正原始图像中的噪声与畸变。这种突出有用信息、抑制无用信息和改善图像质量的处理技术，通常称为图像的预处理。这里所用到的图像预处理技术包括图像灰度均衡变换、图像的平滑处理。

图像的平滑处理主要是为消除噪声。噪声并不限于人眼所能看到的失真和变形，有些噪声只有在进行图像处理时才可能发现。图像的常见噪声主要有加性噪声、乘性噪声和量化噪声等，图像中的噪声往往和信号交织在一起，尤其是乘性噪声，如果平滑处理不当，就会使图像本身的细节如边界轮廓、线条等变得模糊不清，如何既平滑掉噪声又尽量保持图像细节，是图像平滑主要研究的任务。

由于一幅图像的大部分像素的灰度与邻近像素的灰度差别不大，存在很大的灰度相关性，这就导致图像的能量主要集中于低频区域，只有图像的细节部分的能量处于高频区域中，而图像噪声和假轮廓往往出现在高频区域中，这样就可找到去掉噪声的有效途径。图像平滑包括空域法和频域法两大类，在空域法中，图像平滑的常用方法是均值滤波或中值滤波，而在频域中则设计各种频率滤波器进行低通滤波处理。图像的灰度均衡变换就是将图像的直方图变换为均匀分布的形式，增加灰度动态范围。它对由于曝光不足或者过度所造成的图像的模糊不清、没有层次感增强尤为有效。

本系统中的图像预处理可以调用 Evision6.7 软件库中的图像处理算法进行处理，或者利用 OpenCV 中的图像处理算法进行处理。由于 OpenCV 算法库的功能强大、简单易用且为免费的图像处理库，本系统中使用 OpenCV 算法库对图像进行图像的平滑和灰度均衡变化处理，图像预处理流程如图 2－28 所示。

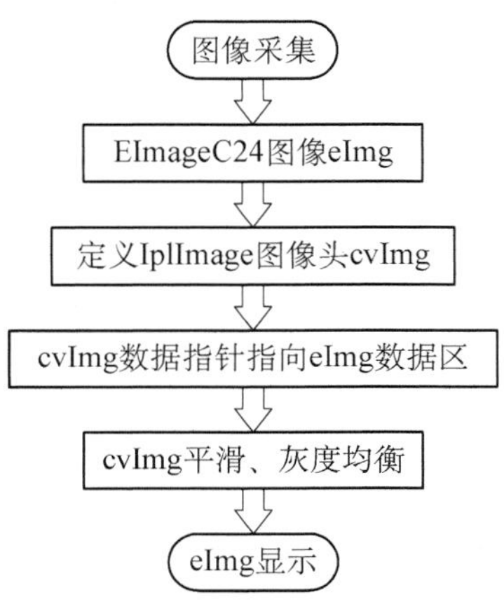

图 2－28　图像预处理流程

利用 OpenCV 进行图像处理的关键是把视频采集卡采集到的图像格式 EImageC24 转换成 OpenCV 中的图像格式 IPlImage。

IplImage 结构具体定义如下：

由于 OpenCV 主要针对的是计算机视觉方面的处理，因此在函数库中，最重要的结构体是 IplImage 结构。IplImage 结构体是整个 OpenCV 函数库的基础。

2.9.4 双目匹配

双目匹配的目的是找出空间某物体在左右两摄像机中的投影点，针对水下焊接机器人，为达到工程项目中系统要求的精确度，本系统采用工业上应用很成熟的计算机视觉软件 eVision，其提供的 EasyMatch 是颜色和灰度级别的模式匹配库。它可以让系统在图像中找到与基准模式相匹配的部分，并计算出目标的位置。即使目标发生旋转、等放性或任意方向的缩放，其都可以找到目标，双目匹配模式如图 2－29 和图 2－30 所示。

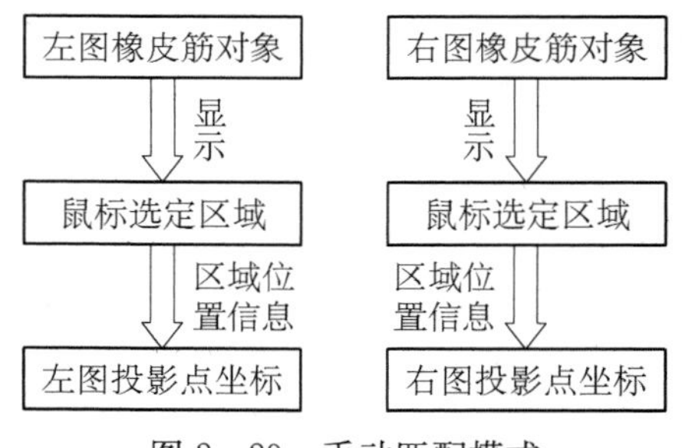

图 2－29　手动匹配模式

本系统中匹配模式分为两种。①自动匹配模式：在左图中手动选择 ROI 区域，系统调用匹配算法，在右图中自动找出相应的 ROI 区域。②手动匹配模式：手动选择左图和右图相应的 ROI 区域；在图像质量严重受损且通信不稳定的情况下，应用自动匹配模式很难达到理想的效果，这时可以采用手动模式进行匹配。手动匹配模式的缺点在于匹配速度慢且精确度低。

自动匹配模式：在图像显示窗口拖动 MFC 中的橡皮筋类 CRectTracker 定义的橡皮筋对象，确定目标后，获取橡皮筋对象的位置信息，用 EROIC24 分别定义一个 ROI 对象；之后调用函数 void SetPlacement(INT32 n32OrgX, INT32 n32OrgY, INT32 n32Width, INT32n32Height)设置 ROI 的位置信息，然后与左图进行绑定，绑定函数为 void Attach(EImageC24 * pParent)；这时 ROI 的内容为左图在橡皮筋区域内的内容，最后调用 EMatch 类进行图像的匹配。

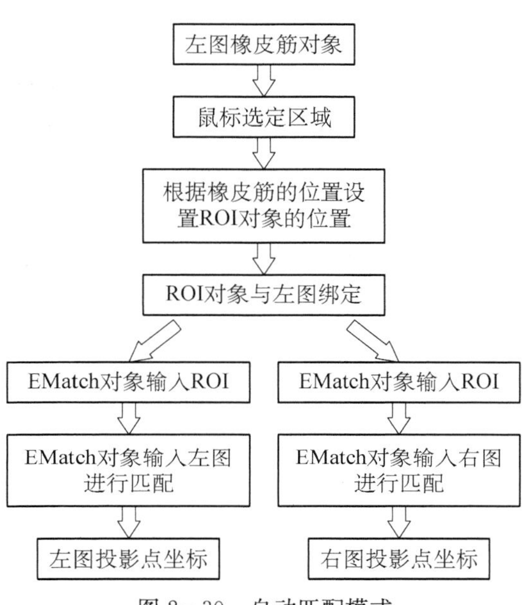

图 2-30　自动匹配模式

摄像机标定作为视觉系统最为关键的一部分，标定出的摄像机参数精确度的大小直接影响目标三维坐标的精确度。摄像机标定结构如图 2-31 所示。

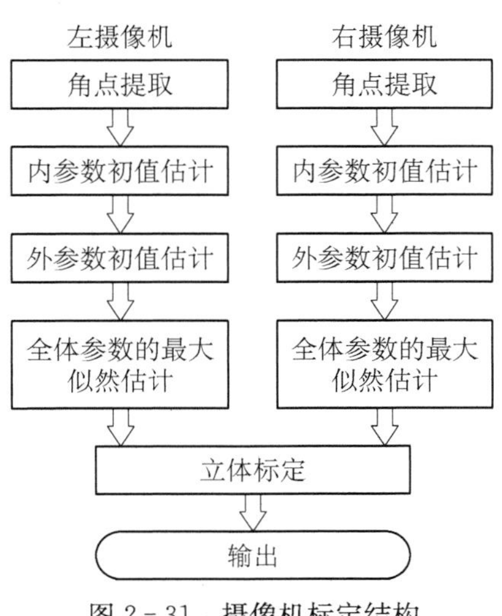

图 2-31　摄像机标定结构

2.9.5 三维坐标的计算

三维坐标计算模块的主要功能为通过取两射线公垂线的中点来计算场景中某物体的三维坐标。模块输入为双目立体标定后的左右摄像机的内参数和外参数及左右投影点的像素坐标，内参数包括焦距的像素长度 f_x 和 f_y，主点坐标 u 和 v，以及摄像机畸变参数 k_{c1}，k_{c2}，k_{c3}，k_{c4}；外参数包括右摄像机坐标系相对于左摄像机坐标系的旋转向量 $\boldsymbol{om}$ 和平移向量 $\boldsymbol{T}$。输出为目标点的三维坐标和公垂线的长度，公垂线的长度能在一定程度上反映三维坐标计算的误差。三维坐标计算流程如图 2-32 所示。

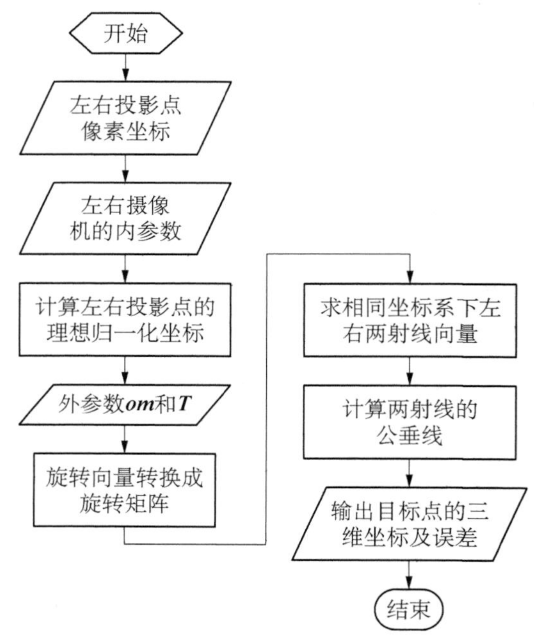

图 2-32 三维坐标计算流程

2.9.6 视觉系统软件界面介绍

在视觉软件系统中，计算物体三维坐标的主要步骤如下：首先搜索抓取目标。在此有两种图像匹配方式，一种为“手动匹配”，另一种为“自动匹配”。“手动匹配”用于图像干扰严重的情形下，由操作者分别在两个摄像机的成像中选定相匹配的目标。然后单击“开始搜索”按钮，弹出目标选取框，选取好目标点后，再单击“开始匹配”按钮，软件主界面如图 2－33 所示，所显示的十字光标，即为选择的目标，虽然在两幅图像中位置不一样，但却在此程序中被认为就是同一物点。再单击“确认目标”以及“计算三维坐标”，即可计算出十字光标处的三维坐标。

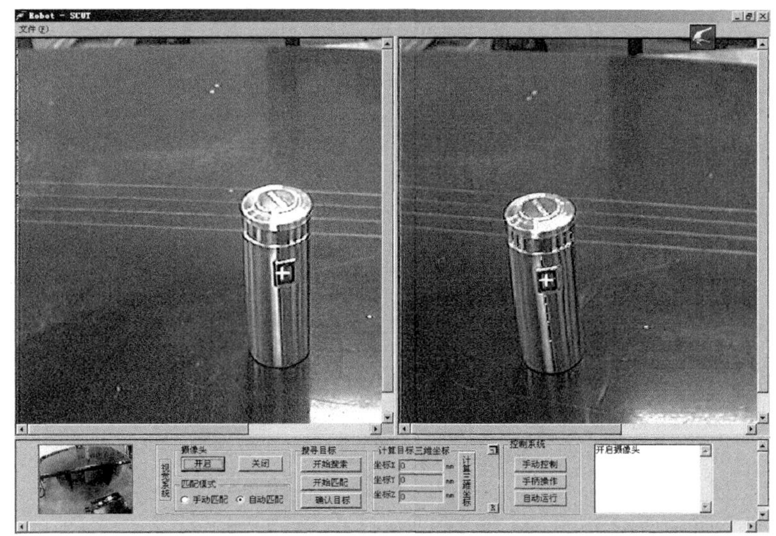

图 2－33　软件主界面

2.10　构造路径

构造路径其实就是寻找机器人真正的可行区域。基于可视图的基本原理，对其进行一系列改进，寻找机器人的可行区域。

2.10.1　可视图的基本原理

可视图法是由麻省理工学院的 Tomás Lozano-Pérez 和 IBM 研究院的 Michael A. Wesley 于 1979 年提出的，其最大特点是将障碍物用多边形包围盒表达，图 2－34 表示某一环境空间，s 和 g 分别称为起始点和目标点。o_1 和 o_2 表示两个障碍物，图 2－35 是构造出的对应图 2－34 的可视图，再利用搜索算法(常见的是 Dijkstra 算法)规划出从起始点至目标点的最优路径。这种方法虽然能保证在三维以下构形空间中求出最短安全路径，但是不能推广到更高维的空间中，且对于障碍物过多时，可视图比较复杂，利用可视图法创建的地图如图 2－36 所示，在路径规划的过程中可视图中有些线条是多余的，这样无疑减慢了路径规划的速度。基于这种情况，可根据可视图的基本原理对其进行一些改进，构造新的可视图。

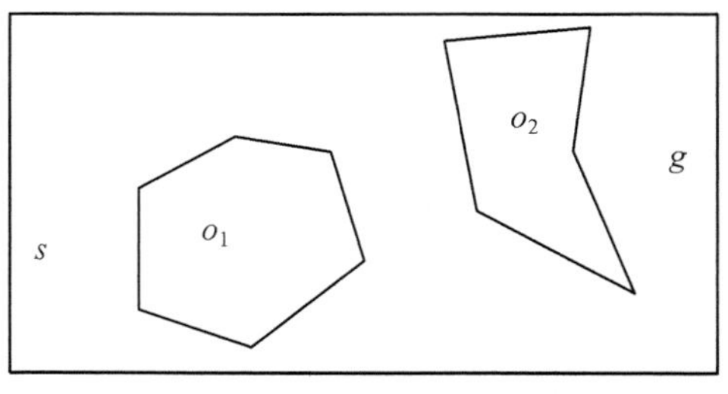

图 2－34　带两个障碍物环境图

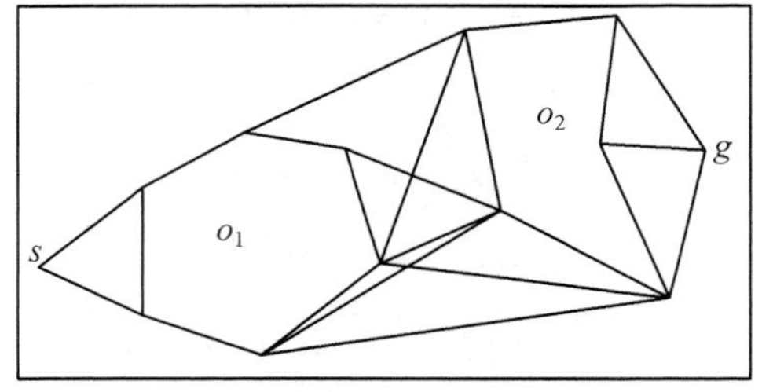

图 2－35　对应图 2－34 的可视图

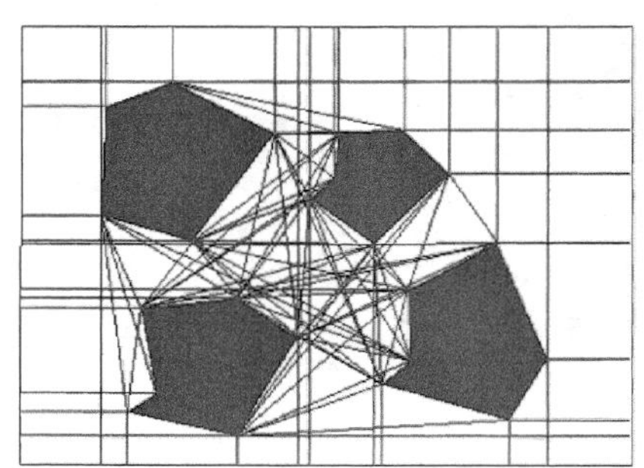
图 2－36　利用可视图法创建的地图

2.10.2　新地图的产生

在了解可视图基本原理之后，为提高路径规划速度，对机器人可行区域可视图进行改进。基本思想如下：

(1) 生成常规的可视图如图 2－35 所示。

(2) 对生成的连线按从短到长的顺序进行排序，生成一个由线段组成的队列。

(3) 取第一条线段 m，检查是否与其后的线段相交。如果发现队列中某一条线段 n 和线段 m 相交，那么从队列中删除 n 线段，以此类推，直到将所有队列中与线段 m 相交的线段删除。

(4) 再取队列中 m 的下一条线段，重复步骤(3)，直到取完所有的线段。新地图的创建流程如图 2－37 所示。

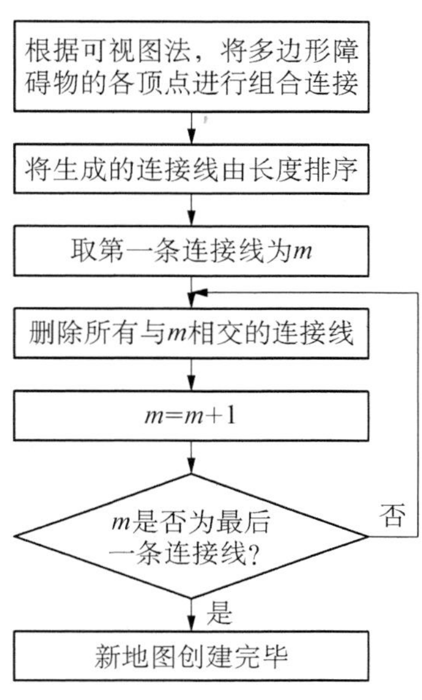

图 2-37　新地图的创建流程

将图 2-36 改进之后得到新的地图，改进的地图如图 2-38 所示。

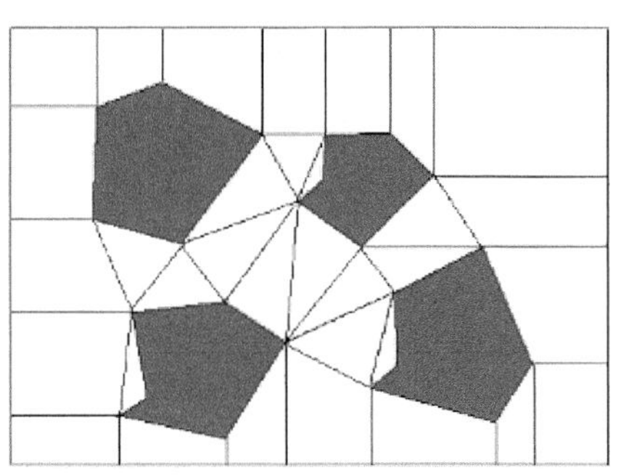

图 2-38　改进的地图

可见此时机器人的可行区域就是由图 2-38 中的多边形组成，在这里主要是三角形和四边形。本算法把这些多边形当成单独的个体，每一个多边形当成一个区域。在进行最短路径搜索的时候针对的只是可行的多边形(非障碍物)。且在进行个体编码时不采用常规二进制编码，而是对可行区域多边形边上的点进行编码，这样大大简化了遗传算法的个体编码，减少了路径规划的计算量。如

图 2-39 为新地图上产生的一条路径，图 2-40 为其对应的路径规划流程图。

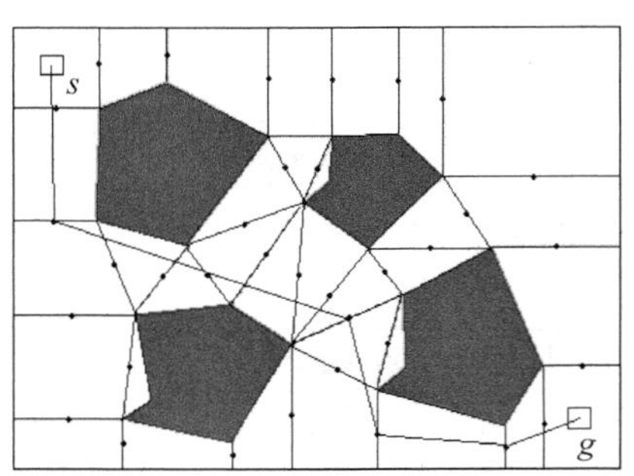

图 2-39　新地图上产生的一条路径

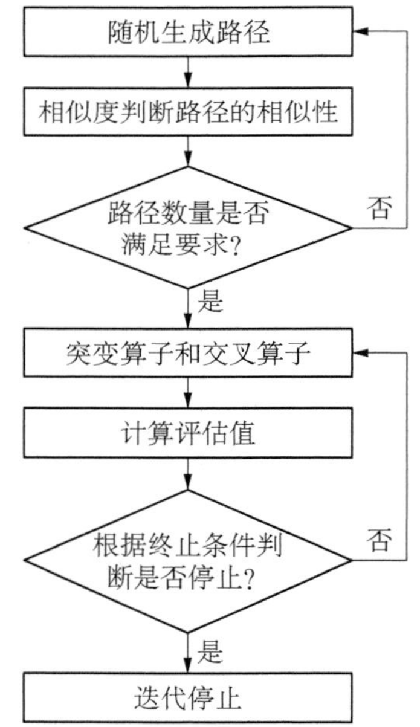

图 2-40　路径规划流程图

第 3 章

基于二维分数阶傅里叶变换的显著性模型描述

对现实中物体的描述一定要在一个十分重要的前提下进行，这个前提就是对自然界建模时的尺度。当用一个视觉系统分析未知场景时，计算机没有办法预先知道图像中物体的尺度，因此需要同时考虑图像在多尺度下的描述，获知感兴趣物体的最佳尺度。

3.1 尺度空间基本概念

图像的尺度空间表达是图像的所有尺度下的描述。例如形容建筑物用“米”，观测分子、原子等用“纳米”。更形象的例子比如 Google 地图，滑动鼠标轮可以改变观测地图的尺度，看到的地图绘制也不同；还有电影中的拉伸镜头等。在计算机应用中，图像按照像素形式排列，形成 $m \times n$ 的像素矩阵，称为图像的分辨率。按照图像通道可分为单通道、多通道不同形式，分别对应于灰度图像与彩色图像。图像在计算机中形成的像素结构决定图像的特征信息。

3.1.1 空间及尺度空间的建立

尺度太大或者太小，均会影响特征信息的表达。

通过上述的介绍，可以看出尺度在现实世界的各方面均扮演着重要角色。定性的描述尺度在实际图像处理中的作用显然是不充分的，因此建立一个框架，此框架可以在理论上定量描述尺度，这就导致尺度空间的诞生。

首先，对一维信号的多尺度表达进行框架建立。可从原式信号 $f(x)$ 中导出一簇按尺度参数 t 有序排列的信号，记为 $L(x, t)$。实际上可以认为是空间的一种扩充，尺度空间示意图如图 3-1 所示。

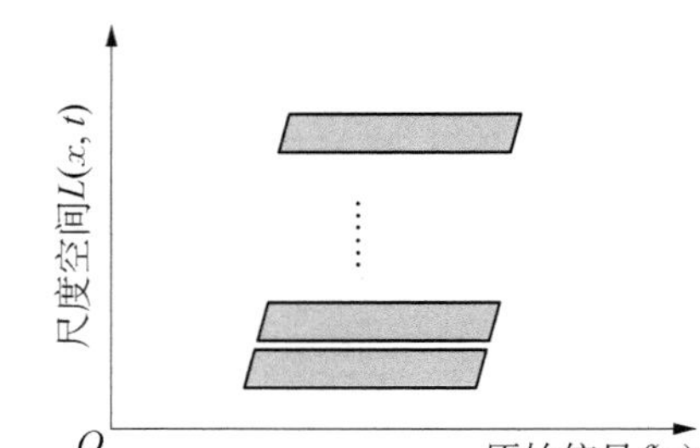

图 3-1　尺度空间示意图

3.1.2　尺度空间的要求

概念或者理论出现存在前提,即假设。合理准确的假设是提出一个概念或者理论的必要条件。对于尺度空间的具体要求,可做如下假设:

每个物体总可以用一些词语或部件来描述它,比如人脸的特征:两个眼睛、一个鼻子和一个嘴巴。对于图像而言,需要计算机去理解图像,描述图像就需要计算机获取图像的特征,对图像比较全面的描述即一个二维矩阵,矩阵内的每个值代表图像的亮度。有时候需要让计算机更简化地描述一个图像,抓住一些显著性特征,这些特征要具有一些良好的性质,比如局部不变性。局部不变性一般包括两个方面:尺度不变性与旋转不变性。

首先,基本假设是尺度空间表达应当有尺度变量,其等价于图像的细节程度。本质上要求尺度表达的细节程度随尺度变量增加而单调变化,且不产生新的图像结构。对于一维信号情况,信号对高斯卷积比较敏感,同时随尺度变量增加不产生新的局部极值。拓展到二维,不应该有新的等位曲线。

其次,当尺度变量 $t=0$ 时,图像保持不变;当 t 趋于无穷时,图像结构消失。林德伯格再次陈述上述情形,局部极大值不随尺度变量增加,局部极小值也不随尺度变量而减小。该性质可应用到离散信号处理中。线性尺度空间表达由线性算子生成,提供利用卷积核作为尺度空间算子的可能性。

$$L(x, y, t)=T(x, y, t)I(x, y) \tag{3-1}$$

式中,$L(x, y, t)$ 表示尺度空间表达;$T(x, y, t)$ 表示线性卷积核算子;$I(x, y)$ 表示具体的图像。$T(x, y, t)=\frac{1}{\sigma^2(t)}G\left(x, y, \frac{1}{\sigma(t)}\right)$,其中 $\sigma(t)$ 是一个连续的严格递增的尺度调节函数。对于图像的显著性特征无法预知,所以构

建这种表达时，在图像中不应该有特殊的方向或者结构。即全部方向均应该平等对待，称为平移不变性。高斯核作为一种唯一满足上述条件的具有半正定性协方差矩阵参数化的具体函数，在实际应用中广泛传播。

$$T(x,\ y,\ t)=g(x,\ y,\ t)=\frac{1}{2\pi t}\mathrm{e}^{-\frac{x^2+y^2}{2t}} \tag{3-2}$$

式中，$g(x,\ y,\ t)$表示二维高斯对称核，其中 $\sigma(t)=\sqrt{t}$ 表示高斯核的标准差。同时尺度空间算子特点需满足线性与对比不变性。即对于任意图像 $p(x,\ y)$ 和 $q(x,\ y)$ 及任意常数 h_1 和 h_2 满足

$$T_i(h_1p+h_2q)=h_1T_i(p)+h_2T_i(q) \tag{3-3}$$

对于任意图像 $p(x,\ y)$及任意非降实函数 f，满足

$$T_i(f(p))=f(T_i(p)) \tag{3-4}$$

3.1.3　尺度空间的离散形式

上节中所提及的尺度空间表达主要是利用连续高斯尺度核卷积形成的针对连续的信号或者模拟图像而言的，由于讨论的自然图像均采用数字设备成像所获取的数字图像，为此需要在数字图像空间域中满足上述要求的高斯尺度核的类似形式。利用连续的高斯尺度核采样来构建离散的类似形式并不充分，显而易见离散形式的高斯尺度核并不满足半群性质。在傅里叶域进行基本采样也会出现类似问题。

离散信号 $s(n)$的尺度空间表达意义与连续情况类似。林德伯格提出一维空间域中的高斯尺度核的近似形式。

将尺度空间的概念引入频域中进行分析。大量研究表明，人类视觉系统工作过程可看作是不同尺度空间下的物体综合特征的最优提取过程。尺度空间为视觉系统框架结构提供参数化平台。主要体现在视场中目标对象特征的度量或量化，为分离对象提供参数化依据。

视场中目标的表达与其周围区域的非目标信息有关，主要体现在如何抑制非目标区域，或者说，视场中某些信息被抑，而未被抑制的信息在视觉系统将起主导地位。将被抑制的区域作为非显著性区域。

人类视觉具备迅速定位场景中的关键信息的能力。假设在一幅图像中，存在一些局部信息表达高于其他区域，引起人类视觉注意，可对此区域定义为显著性特征区域。与其他区域相比较，显著性特征区域存在着某种固定结构相比于

其他区域，从具体的图像中识别出显著性区域的过程，通常称为视觉注意力算法。研究表明，视觉注意力算法对显著性特征的检测可以从理论上揭露生物视觉系统的工作过程以及它们的视觉行为。对于目标检测，该算法运行效率高于密集采样，提供了一种准确的注意力机制。

视觉注意力检测已经引起心理学家以及计算机视觉专家的广泛重视，基于不同的假设条件也出现很多视觉注意力模型。普遍认为，存在两种不同的工作过程影响视觉显著性特征：一种是基于任务(top-down)的；另一种是以输入图像为数据驱动(bottom-up)的。

一些 BU 计算模型模拟灵长动物感知能力，例如，一个中心环绕机制用以定义显著性特征的尺度，以此激励视觉神经传输系统。图像本身存在一定的显著性区域并且该区域与背景区域是相对固定的独立关系。存在一些其他不同形式的局部信息模型，Kadir 等将显著性特征定义为局部特征。Gao 等提出一种 BU 显著性模型算法，根据 Kullback-Leibler 散度理论来测量具体位置与其周围邻居区域之间的具体差异。一些模型采用全局信息计算线性特征，Schölkopf 等提出基于图求解的局部计算显著性特征的算法，所计算出的显著性特征与全局信息相关。Avraham 等将一种“拓展线性”的模型引进全局概念。近几年，Hou 等基于傅里叶变换原理提出剩余谱(SR)算法和 PFT 算法等。

研究表明，存在多种视觉注意力模型可以模仿视觉选择机理实现针对小区域的显著性目标或者点、块状目标进行识别，如 SR，PFT，PQFT，AIM 等，而这些算法无法检测大范围的显著性特征，其他算法也针对大范围的特征进行讨论，Jacobson 等提出基于尺度的显著性算法从一定程度上解决时间域上固定的尺度特征。点状显著性特征可以看作是小尺度的显著性区域，即将不同大小的显著性区域表示成频域空间的多尺度，Li 等提出超复傅里叶变换的概念，设计 HFT 算法，其中指定超复数输入为四元数。

剩余谱算法是一种有效的视觉注意力算法，给定一幅图像 $f(x, y)$，对其进行频域变换：$f(x, y) \xrightarrow{\mathcal{F}} \mathcal{F}(f)(u, v)$，幅值与相位分别表示为 $\mathcal{A}(u, v) = |\mathcal{F}(f)|$，$\mathcal{P}(u, v) = \text{angle}|\mathcal{F}(f)|$，对数幅频特性为 $\mathcal{L}(u, v) = \lg(\mathcal{A}(u, v))$，并定义剩余谱为

$$\mathcal{R}(u, v) = \mathcal{L}(u, v) - h_n \star \mathcal{L}(u, v) \tag{3-5}$$

源图像的目标显著性图记作 $S(x, y)$，则有

$$S(x, y) = \mathcal{F}^{-1}[\exp(\mathcal{R}(u, v) + \mathrm{i}\mathcal{P}(u, v))] \tag{3-6}$$

为得到比较好的显著性表达，一般考虑对上述结果进一步平滑运算，即

$$S(x, y)=g \star \mid \mathcal{F}^{-1}[\exp(\mathcal{R}(u, v)+\mathrm{i}\mathcal{P}(u, v))] \mid^2 \tag{3-7}$$

式中，$\mathcal{F}$ 和 $\mathcal{F}^{-1}$ 分别表示傅里叶变换和逆变换；h_n 和 g 表示低通滤波器；i 表示虚数单位；$\star$ 表示卷积运算。$\mathcal{P}(u, v)$ 相位谱在逆变换到时域后保持不变，这是剩余谱(SR)的主体思想。

对上述算法思想进行进一步探究：①讨论剩余谱算法的一些不足；②提出 SR 和 PFT 算法从某种程度上相当于一种梯度算子；③SR 只能针对某类具体的图像起作用，做出理论上的解释。

为此，对式(3－7)进行重新梳理，则有

$$f(x, y)=\mathcal{F}^{-1}[\exp(\lg \mathcal{A}(u, v)+\mathrm{i}\mathcal{P}(u, v))] \tag{3-8}$$

$$\Leftrightarrow \mathcal{F}^{-1}[\mathcal{A}(u, v)\exp(\mathrm{i}\mathcal{P}(u, v))] \tag{3-9}$$

$$\Leftrightarrow \mathcal{F}^{-1}[\mathcal{F}(f)(u, v)] \tag{3-10}$$

对式(3－6)进行重新改写，则有

$$S(x, y)=\mathcal{F}^{-1}[\exp(R(u, v))\exp(\mathrm{i}\mathcal{P}(u, v))] \tag{3-11}$$

定义 $\exp(R(u, v))$ 作为剩余谱，即

$$\mathcal{A}_{\mathrm{SR}}(u, v)=\exp(\mathcal{R}(u, v)) \tag{3-12}$$

所以式(3－11)重新写成

$$S(x, y)=\mathcal{F}^{-1}[\mathcal{A}_{\mathrm{SR}}(u, v)\exp(\mathrm{i}\mathcal{P}(u, v))] \tag{3-13}$$

比较式(3－9)和式(3－13)不难发现，将原来的 $\mathcal{A}(u, v)$ 替换成剩余谱指数级 $\mathcal{A}_{\mathrm{SR}}(u, v)$，此为剩余谱理论的基础，如图 3－2 所示。

为讨论剩余谱(SR)算法的不足，模拟一种二维频域白噪声 $\mathcal{W}(u, v)$，使其与源图像计算得到的 $\mathcal{R}(u, v)$ 有相同的均值与最值，并将此类噪声完全替代 $\mathcal{R}(u, v)$ 进行逆变换：

$$S(x, y)=\mathcal{F}^{-1}[\exp(\mathcal{W}(u, v))\exp(\mathrm{i}\mathcal{P}(u, v))] \tag{3-14}$$

图 3－2(c)为上述计算过程，如果将 $\mathcal{A}_{\mathrm{W}}(u, v) \triangleq \exp(\mathcal{W}(u, v))$，则式(3－14)可以表示为

$$S(x, y)=\mathcal{F}^{-1}[\mathcal{A}_{\mathrm{W}}(u, v)\exp(\mathrm{i}\mathcal{P}(u, v))] \tag{3-15}$$

由此发现，通过模拟的白噪声进行逆变换与原结果几乎一样，说明剩余谱理

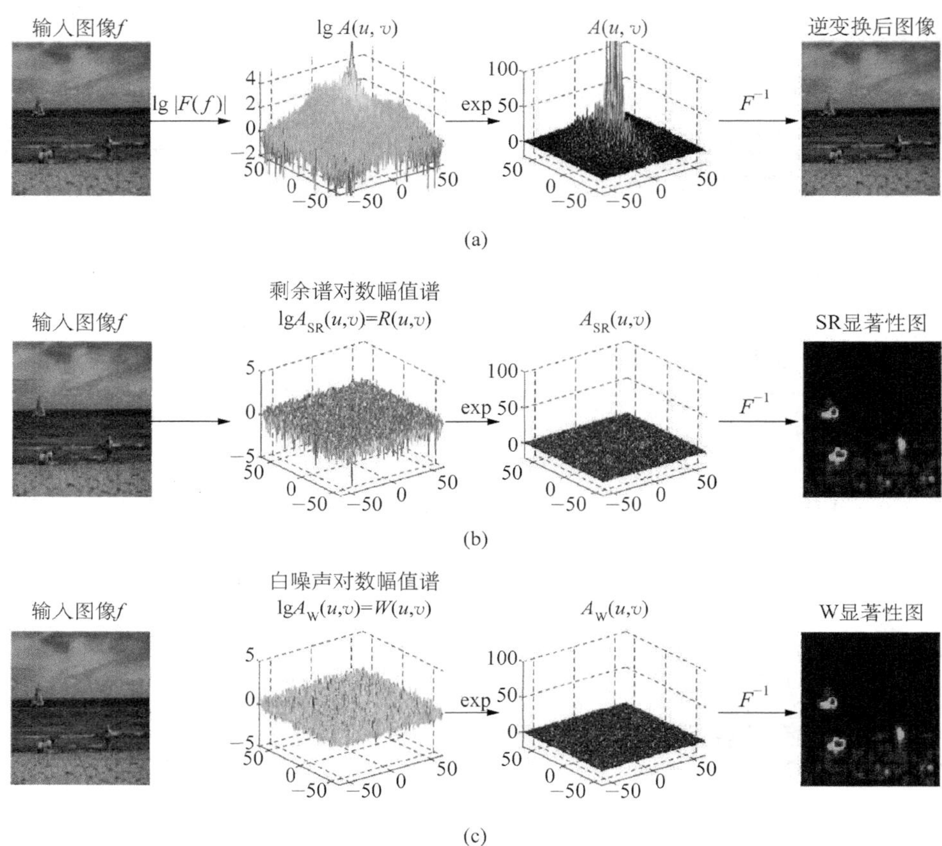

图 3-2　由 SR 给出的频谱残差几乎不含对应于图像显著性的信息

(a) 通过使用原始振幅与相位进行逆傅里叶变换，重新获得原始图像　(b) 表示在 SR 中，用谱残差 $R(u, v)$ 代替 $\lg A(u, v)$，再经逆傅里叶变换得到显著性图　(c) 用随机白噪声代替对数幅值谱 $\lg A(u, v)$，经逆傅里叶变换后得到显著性图。利用随机白噪声可以得到与(b)几乎相同的显著性图

论所能表达的与显著性特征相关的信息比较单一。比较式(3-13)和式(3-15)，两者在逆变换中分别采用 $\mathcal{A}_{SR}(u, v)$ 和 $\mathcal{A}_{W}(u, v)$，在图 3-2(b)和(c)的第三列中可得，两者几乎相同，也就是说，幅频信息彻底被剔除，仅保留相频信息，该信息起决定作用。

剩余谱 SR 的输出信息中对相位谱给予保留，且通过上述仿真实验可以看出，SR 仅能处理一下小尺寸的显著性特征区域。由此提出假设：相位谱与显著性特征区域的尺度表达存在某种联系。同时，Guo 等提出一种新的视觉注意力模型相位谱变换(PFT)，该模型仅用到傅里叶变换后的相位信息，具体如下：

$$S(x, y) = \mathcal{F}^{-1}[\exp(\mathrm{i}\mathcal{P}(u, v))] \tag{3-16}$$

$$\Leftrightarrow S(x, y) = \mathcal{F}^{-1}[1(u, v)\exp(\mathrm{i}\mathcal{P}(u, v))] \tag{3-17}$$

幅频以直流常量1代替，基于上述论证可以得出：SR与PFT的处理得到的显著性特征图几乎相同。

对于自然图像，PFT与SR处理的结果可以等价于对图像进行梯度运算，再进行高斯平滑或高斯卷积[见式(3-7)中的g]。原因在于自然图像经傅里叶变换后处于低频波段的谱值较高，而高频波段的谱值略低，如果将幅频特性用某一个固定值替代，如$1(u, v)$，可以理解为对所有频段的幅频值“平面化”，对低频段进行抑制，对高频段进行增强，等价于梯度增强算子。所以可得出，SR和PFT两种算法会对图像中目标的边缘、纹理等具有放大作用，也就是说，两种算法对检测小目标特征有效，且要求该目标周围的背景特征与目标本身特征区分明显，如图3-3的第一列和第三列。但是对于一些目标尺寸较大的图片，处理的效果不佳(见图3-3第四列)，同时，无法检测出杂乱背景下的目标，此时的目标无论尺寸大还是小，均检测失败(见图3-3第五列)；为进一步验证此结论，利用简单的梯度算子结合高斯卷积进行重构信息，得到的结果与上述算法的处理结果完全相同。具体重构过程如下。

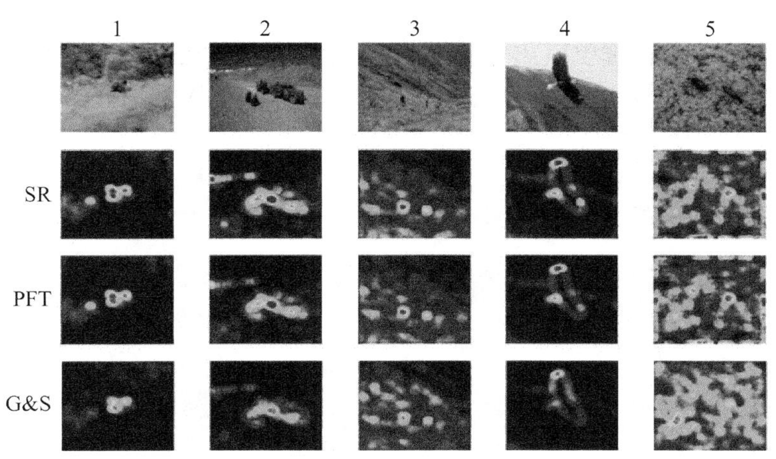

图3-3　G&S算法所处理的结果与SR和PFT类似

梯度平滑算法步骤如下。

输入信号：二维图像I，分辨率为128×128。

输出信号：图像I的显著性特征信息S。

(1) 对输入图像进行卷积，卷积核采用拉普拉斯算子 $L = \begin{bmatrix} 0 & -1 & 0 \\ -1 & 4 & -1 \\ 0 & -1 & 0 \end{bmatrix}$，卷积结果记为梯度图 Gra。

(2) 对上述结果进行低通高斯滤波处理，高斯核函数为 g，令 $S = g \star |Gra|$。

(3) 返回 S。

3.2 显著性检测算子的生成算法

现有文献已经提出一些关于显著性特征的检测模型，针对的目标区域大小通常是固定不变的，该区域作为异常模式加以区分，其存在与其他周围不同的模式特征。本节从另一个角度出发，不再搜索异常模式，而是首先对常规模式加以刻画，可将这种模式定义为非显著性模式(nonsalient)。

首先假设某自然图像中存在若干显著性区域(待检测的目标区域)与剩余的常规区域。在人类视觉系统中，图片的所有区域都可以看成是一种与对应区域的视觉刺激物，该刺激物在大脑的视觉皮层下通过竞争形成一些视觉注意突触，相邻神经元构成接受场相互抑制，相互竞争(见图 3-4)，第一行包括四张图，第二行至第四行是从上面最后一张图像中所收集的片段，将完整的一幅自然图像分割成若干块，块图像中存在一些显著性特征，也存在一些彼此相似或重复的特征，可以发现块图像中存在很多重复的特征，如蓝天、草地等，将这些块作为可重复模式或者非显著性模式。

图 3-4 有规律的(重复模式)和反常的模式

显然，对于一幅自然图像，哺乳动物视觉系统对显著性模式更感兴趣，而一些可重复的模式存在多样性，如图 3-4 第一行图片，第一张图片可重复模式为

相同的物体，第二张路面颜色相同及纹理一致，第三张为 L 形的字母，对这些可重复模式进行建模，然后对其抑制，相当于对显著性区域增强。

幅值谱包含非常重要的信息，其中涵盖可重复模式与显著性模式。幅值谱中的一些“尖峰”实质上对应一些重复模式特征，该部分特征将要被抑制或者滤除。可先以一维周期信号 $f(t)$ 为例，$f(t)=\sum_{n=-\infty}^{\infty}F(n)\mathrm{e}^{jn\omega_1 t}$，其中 $F(n)=\frac{1}{T}\int_{\frac{-T}{2}}^{\frac{T}{2}}f(t)\mathrm{e}^{-jn\omega_1 t}\mathrm{d}t$，则傅里叶变换为下式：

$$\mathcal{F}(\omega)=2\pi\sum_{n=-\infty}^{\infty}F(n)\delta(\omega-n\omega_1) \tag{3-18}$$

由此可得出周期信号的频谱函数，这是信号 $f(t)$ 在时域为无穷信号时推导的。所以实际的一维周期有穷信号其变换的频谱结果与理想结果存在差异，图 3－5(a)列举了三种不同周期信号(重复模式)，图 3－5(b)是对应的对数幅值谱，可以看出信号周期重复次数越多，其对应的对数幅值谱所产生的“尖峰”越明显。为进一步对“尖峰”进行量化，从而提出锐度概念，通过利用低通滤波器对对数幅值谱进行卷积操作，可以得到平滑后的幅值谱，初始信号存在的“尖峰”越明显，平滑后其幅度减小得越明显。因此，X 的锐度可以定义成 $\gamma(X)=\|X-X\star h_m\|_\infty$，其中 h_m 为固定尺寸的高斯核函数，$\|\ \|_\infty$ 表示取无穷维范数操作，按照这样定义，可以计算出图 3－5 中三个信号对应幅值谱的锐度分别为 0.232 0，0.609 1，1.322 7。除正弦波信号外，其他周期信号也存在类似特征。

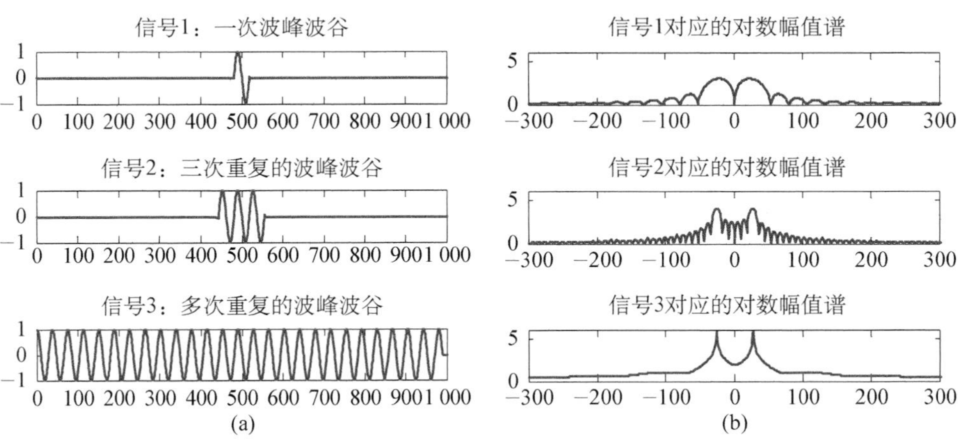

3－5　重复模式会导致尖锐的尖峰

(a) 重复循环次数不同的信号　(b) 表示与(a)相对应的对数幅值谱

假设存在一种显著性模式叠加在某个有限长的周期信号中，如图 3-6 的第一行，可以看出其对幅值谱的“尖峰”不会有太大影响。可以得出如下结论：①一个单一的显著性区域不会对幅值谱的“尖峰”造成本质性的影响；②所添加的显著性模式不会带来更明显的锐度特征，可表明背景重复模式越高，尖峰特征越明显。对信号 $f(t)$ 的具体分析如下式：

$$f(t)=g(t)+g_{\tau}(t)+s(t) \tag{3-19}$$

式中，$g(t)$ 表示有限长为 L 的周期信号且在 $[0, L]$ 内定义为 $p(t)$，其余 t 值对应的信号幅度为 0；$g_{\tau}(t)=-p(t)r(t)$；$s(t)=p_s(t)r(t)$，其中 $s(t)$ 表示 $f(t)$ 显著性模式信息，即其含有一个不同的周期函数 $p_s(t)$，而 $r(t)$ 表示幅值为 1 的位于 $[t_0, t_0+\tau]$ 上的矩形窗函数。假设 $(t_0, t_0+\tau)\subset(0, L)$ 且 $\tau \ll L$（见图 3-6 第一行），因此 $f(t)$ 的傅里叶变换可以写成

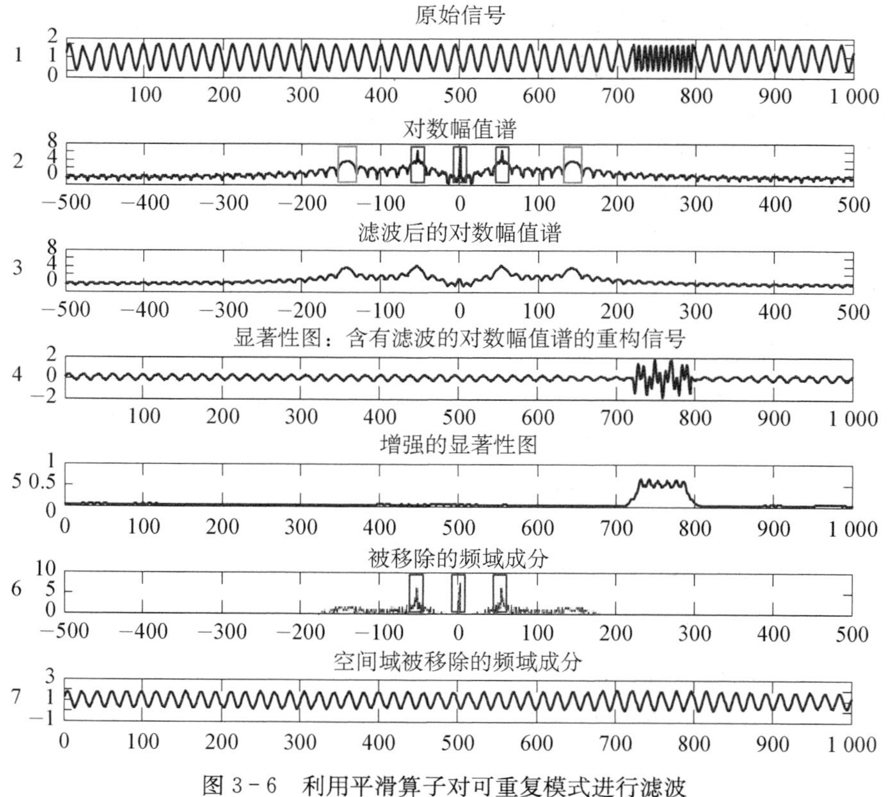

图 3-6　利用平滑算子对可重复模式进行滤波

$$\mathcal{F}(f)(\omega)=\int_{-\infty}^{\infty} f(t)\mathrm{e}^{-j\omega t}\mathrm{d}t=\int_{0}^{L} g(t)\mathrm{e}^{-j\omega t}\mathrm{d}t + \int_{t_0}^{t_0+\tau} g_{\tau}(t)\mathrm{e}^{-j\omega t}\mathrm{d}t+\int_{t_0}^{t_0+\tau} s(t)\mathrm{e}^{-j\omega t}\mathrm{d}t \tag{3-20}$$

显然，信号 $f(t)$ 经变换后由三部分频谱组成，存在着重复模式信号，且 $\tau \ll L$ 表明第一部分的幅值谱存在明显的"尖峰"，而后两部分的信号则不同。以 $g_{\tau}(t)$ 为考虑对象，其由信号 $-p(t)$ 及窗函数 $r(t)$ 逐点相乘生成，根据卷积的性质可得，$\mathcal{F}(g_{\tau})(\omega)$ 由 $\mathcal{F}(p)(\omega)$ 与 $\mathcal{F}(r)(\omega)$ 两者卷积得到，因为 $\mathcal{F}(r)(\omega)=\dfrac{2\sin\left(\dfrac{\tau}{2}\right)}{\omega}\mathrm{e}^{j\omega\left(t_0+\frac{\tau}{2}\right)}$ 为低通滤波器，所以 $\mathcal{F}(p)(\omega)$ 所产生的"尖峰"直接被过滤或者抑制，即第二部分的幅值谱不存在"尖峰"现象，第三部分也同理。

综述可知，$\mathcal{F}(f)(\omega)$"尖峰"的锐度完全来自 $g(t)$，而此部分信号刻画的是背景信息或者重复模式，这些模式通过对 $\mathcal{F}(f)(\omega)$ 进行平滑运算实现背景分离。

3.3　重复模式分离算法

h 表示高斯核函数矩阵，可以通过此函数对幅值谱 $|\mathcal{F}\{f\}|$ 进行卷积或者平滑而达到抑制重复模式的目的。

$$\mathcal{A}_S(u,\ v)=|\ \mathcal{F}(f(x,\ y))\ |\ \star\ h \tag{3-21}$$

平滑后的幅值谱用 $\mathcal{A}_S(u,\ v)$ 表示，并与原式信号的相位谱结合进行傅里叶逆变换，由此得出显著性图，如下式：

$$S=\mathcal{F}^{-1}(\mathcal{A}_S(u,\ v)\mathrm{e}^{\mathrm{i}\mathcal{P}(u,\ v)}) \tag{3-22}$$

为增强显著性图的表达能力，按照下式进行运算。

$$S=g\ \star\ |\ \mathcal{F}^{-1}(\mathcal{A}_S(u,\ v)\mathrm{e}^{\mathrm{i}\mathcal{P}(u,\ v)})\ |^2 \tag{3-23}$$

如图 3－6 所示，第一行输入信号存在周期性，但存在由其他频率信号组成的片段。根据人类视觉系统机理可迅速地将片段信号(目标信号)从背景信号(重复模式)中彻底分离，同理，根据上述的论证，显著性检测器同样可以实现分离目的。第二行为幅值谱函数：其存在三个"尖峰"位置(已经在图中用矩形框标出)，位于中间处于 0 位置点的"尖峰"对应于固定的背景，处于两边的"尖峰"与背景信号的周期性有关，此外，存在着两个局部极值(用虚线框标出)，其与显著性模式(目标特征)有关。图 3-6 第三行中,对幅值谱采用高斯核进行平滑运算,第四行是将平滑后的幅值谱与源图像的相位谱结合,对信号进行重建,显然可以得出,背景信息所反应的幅值被一定程度地抑制,同时保留显著性模式的内部信息,第五行在第四行的基础上,经过图像处理锐化算法,继续增强显著性模式的信号表达能力。可通过频域角度进一步分析,被分离的信息为背景信息(重复模式),如第六行所示,滤除掉的信号多集中在低频部分(0 附近),背景的周期性也随着弱化或滤除,第七行表示滤除重复模式(背景信息)的时域表达。可知,非显著性区域被很有效地抑制或者滤除。该过程表明运用高斯核函数在频域对信号进行卷积,等效于图像的显著性检测算子。

通过平滑运算,重复模式会在一定程度上受到抑制,式(3-21)中的 h 若尺度选取恰当,会得到最佳的效果。如图 3-7 所示,一维信号显示在第一列的第一行,下面是一维显著性图。对应信号的频谱显示在第二列的第一行,后面是经过平滑处理的与第一行中对应的显著性图,若滤波器尺度过小,则无法彻底地滤除重复模式(第二行),若滤波器尺度过大,则显著性区域的边缘信息也会产生新

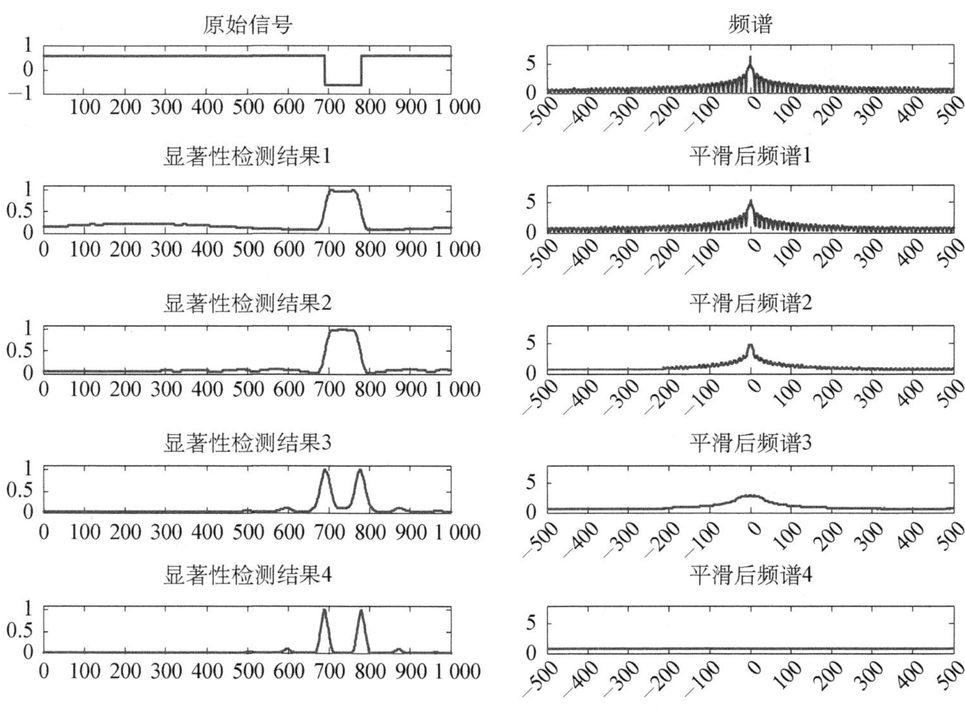

图 3-7 一维信号的显著性图

的干扰，如第四、第五行，因此选取核函数合适的尺度对检测结果至关重要。理论上认为，不同尺度的滤波器对应于不同尺度的显著性区域。例如，小尺度的核函数可以应用于检测大范围的显著性区域，而大尺度的核函数应用于小区域的且纹理信息丰富的显著性区域或者点状显著性区域(即目标物距离视野较远的情况)。

本节提出一种谱尺度分析算法处理不同尺度下图像的显著性特征问题，即在尺度空间下对视觉注意力模型进一步讨论。给定一张图像的幅值谱函数 $\mathcal{A}(u, v)$，尺度空间下所对应的信号记为 $\Lambda(u, v, k)$，该函数由 $\mathcal{A}$ 与高斯核函数族卷积得到，如下式：

$$g(u, v, k)=\frac{1}{\sqrt{2\pi}\,2^{k-1}t_0}\mathrm{e}^{\frac{-(u^2+v^2)}{(2^{2k-1}t_0^2)}} \tag{3-24}$$

式中，k 表示尺度参数，$k=1, \cdots, K$，而 K 由图像大小决定，$K=\lceil \log_2 \min\{H, W\} \rceil+1$，$\lceil\ \rceil$表示取整运算；$H$ 和 W 表示图像的高和宽；t_0 设定为 0.5。因此尺度空间定义如下：

$$\Lambda(u, v, k)=(g(\cdot, \cdot, k) \star \mathcal{A})(u, v) \tag{3-25}$$

以一维信号举例说明，根据上述谱尺度空间分析算法，首先计算一组经过滤波后的谱函数，然后给定某一个尺度将得到一个显著性特征图，如图 3-7 所示，频谱 2 所表达的尺度为最佳。随着尺度趋向于无穷大，谱函数也趋向于常数函数，如图 3-7 最后一行所示。

图 3-8 列举二维图像的不同尺度核函数的检测结果。第一列显示原始的

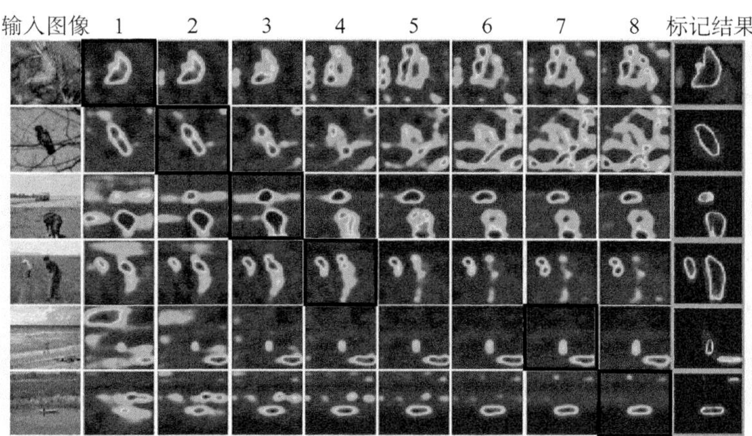

图 3-8　六张不同特征的图像所对应的高斯平滑实例

二维信号(图像),其余图像表示采用不同尺度的高斯核函数对原始图像幅值进行平滑操作后所获得的显著性图。核函数的尺度自左向右逐次增加,最佳的显著性特征图用黑色框标出。可以得出结论,大的目标(显著性特征所跨的区域面积大)所对应的核函数尺度小,反之,目标物较小,距离视野较远或者成散点状目标,存在比较丰富的纹理特征,此时需要大尺度的核函数进行卷积。

本节只讨论一个特征图(强度图)的显著性计算。然而,为获得更好的性能,需要更多的特性如颜色和运动信息。在相关研究的启发下,使用所谓的超复矩阵组合多个特征图。因此,用超复傅里叶变换取代本节中所使用的用于显著性计算的傅里叶变换。

3.4 二维分数阶傅里叶变换数学模型

以上为频域内的显著性模式算法。除此之外视觉注意力模型在时域以及基于概率分布等领域也有所体现。时域分析本质上是对图像的像素点的相关邻域依据固定的约束进行分类,典型的算法如早期提出的 ITTI 和 G&S 等模型,频域分析主要是指傅里叶分析以及衍生而得的其他变换等,主要目的是解决多噪声环境或复杂场景下的目标提取问题,基于概率分布的方法主要从概率图理论等出发,借助于已有的背景先验等手段对图像中所隐含的特征进行概率形式的描述。

一般情况下,根据输入图像本身所涵盖的信息,可以人为地将其分为三大类:对象特征与背景信息区分度大(见图 3 - 9 前两行)、背景含多种噪声信号且分布复杂(见图 3 - 9 中第三、四行)、图像中含有多目标(见图 3 - 9 中后两行)等。针对第一种情况,现有的经典频域算法如 MAP、HFT 和 PQFT 等可以满足检测要求,而针对后两种情况,已有的检测模型并不佳,如图 3 - 9 所示,其中第一列输入图像,第二、三、四列分别为 G&S、ITTI 和 HFT 算法的处理结果。

二维离散分数阶傅里叶变换(FrFT)算法旨在更大程度上针对噪声图像提取显著性特征。同时,分数阶傅里叶变换兼顾时域与频域的信号特征,对不同的分数阶 p 按照特定概率分布进行加权,运用牛顿-柯特斯公式提高模型的精确度。同时介绍图像信息熵与分数阶 p 的关系,为后续显著性图优化提供依据;最后仿真实验部分采用心理学模式等对人类眼注特性进行预测。

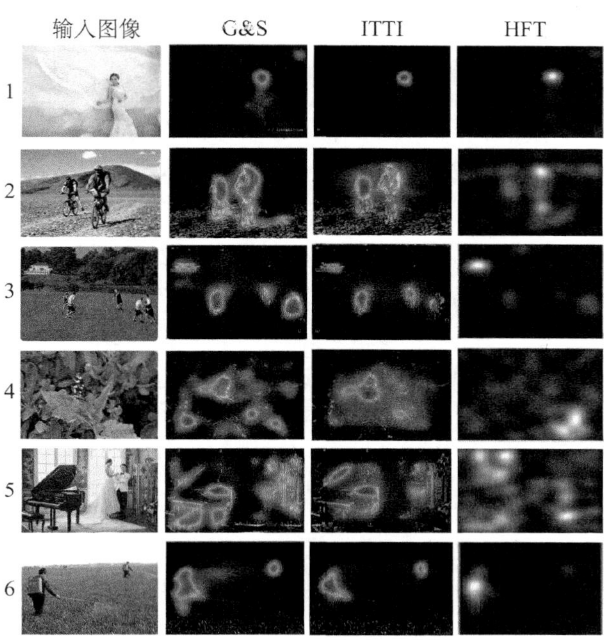

图 3-9　已有算法的不足

3.4.1　离散二维分数阶傅里叶变换

傅里叶变换本质是时域信号在某个基函数上的投影，即将时域信号按照频率向量基进行无穷维的分解过程。显然可以观察出每个频率上的幅值（频谱）与相位（相位谱），针对确定的时间信号可进行频域分析，实际上自然界中的信号存在噪声干扰等因素，造成很多不确定性，故傅里叶变换面对理论上的瓶颈，在工程实践上体现得尤为突出。而分数阶傅里叶变换是处理此类信号的典型方法，即在时域与频域之间进行细化，可定义一个实数 θ，使其满足 $\theta = p\,\frac{\pi}{2}$，其中 p 为 [0, 1]上的实数，具体如下式：

$$\boldsymbol{X}_{(\alpha,\beta)}(m,\ n)=\sum\nolimits_{p=0}^{M-1}\sum\nolimits_{q=0}^{N-1}x(\mu,\ \nu)\boldsymbol{K}_{(\alpha,\ \beta)}(\mu,\ \nu,\ m,\ n) \tag{3-26}$$

$$\boldsymbol{K}_{(\alpha,\ \beta)}=\boldsymbol{K}_{\alpha}\star\ \boldsymbol{K}_{\beta} \tag{3-27}$$

$$\boldsymbol{K}_{\alpha}=\frac{A_{\alpha}}{2\Delta x}\exp\left(\frac{\mathrm{i}\pi(\cot\cot\alpha)(m^{2}+n^{2})-\mathrm{i}2\pi(\csc\csc\alpha)mn}{(2\Delta x)^{2}}\right) \tag{3-28}$$

$$\boldsymbol{K}_{\beta}=\frac{A_{\beta}}{2\Delta x}\exp\left(\frac{\mathrm{j}\pi(\cot\cot\beta)(m^{2}+n^{2})-\mathrm{j}2\pi(\csc\csc\beta)mn}{(2\Delta x)^{2}}\right) \quad (3-29)$$

式中，$\boldsymbol{X}_{(\alpha,\beta)}(m,n)$表示二维图像$x(\mu,\nu)$所对应的分数阶傅里叶变换矩阵，$m$和$n$表示经过分数阶变换后所对应的二维变量；$\boldsymbol{K}_{(\alpha,\beta)}$表示两个可分离核$\boldsymbol{K}_{\alpha}$和$\boldsymbol{K}_{\beta}$的卷积矩阵；$\star$ 表示卷积运算符。式(3-26)和式(3-27)表明，通过此矩阵可以将图像$x(\mu,\nu)$在分量μ和ν上按照一定的角度α和β转换到时-频域的m和n分量。$A_{\alpha}=\sqrt{\frac{(1-\mathrm{i}\cot\alpha)}{2\pi}}$，$A_{\beta}=\sqrt{\frac{(1-\mathrm{j}\cot\beta)}{2\pi}}$，而i和j均为虚数单位。$\Delta x$表示图像与中心点的平均偏移量。图3-10为傅里叶变换与FrFT模型的区别与联系。

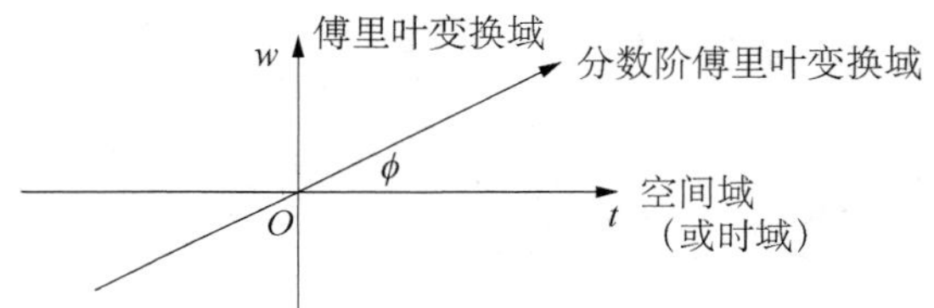

图3-10　傅里叶变换与FrFT模型的区别与联系

因此可以将FrFT看作是拓展的傅里叶变换，二维离散FrFT变换为处理数字图像提供强有力的数学工具。图像经过FrFT处理后所得结果既包含频域信息也涵盖时域信息。$\boldsymbol{K}_{\alpha}$与$\boldsymbol{K}_{\beta}$作为复数变量的可分离核包含相频特性与幅频特性，在人脸识别、图像滤波、图像加密和数字水印等领域均有应用。而一维的FrFT多用于通信领域，根据其模型结构特点，与上述应用不同，将二维FrFT应用到模式识别与视觉注意力算法中。

3.4.2　二维离散分数阶傅里叶变换的数学模型

由第3.4.1节可知，FrFT同时含有时域与频域的特征，模型中的阶数p与所刻画的频域特征也有所不同，表3-1表示图像信息熵与阶数p的关系，其中图像1和图像2分别对应图3-11中的输入图像。计算特征谱可按下式：

$$\kappa(u,v)=\|\boldsymbol{X}_{(\alpha,\beta)}(u,v)\| \quad (3-30)$$

$$\Phi(u,v)=\tan^{-1}\frac{\mathrm{Im}[\boldsymbol{X}_{(\alpha,\beta)}(u,v)]}{\mathrm{Re}[\boldsymbol{X}_{(\alpha,\beta)}(u,v)]} \quad (3-31)$$

$$g(u, v, k)=\frac{\exp\left[\frac{-(u^2+v^2)}{2^{2k-1}t_0^2}\right]}{\sqrt{2\pi}\,2^{k-1}t_0} \tag{3-32}$$

$$\Lambda(u, v, k)=g(\cdot, \cdot, k) \star \kappa(u, v) \tag{3-33}$$

$$\lambda_k = X_{(\alpha, \beta)}^{-1}\left[\Lambda(u, v, k)\mathrm{e}^{\Phi(u, v)}\right] \tag{3-34}$$

式中，$\Lambda(u, v, k)$为核函数$g(u, v, k)$与幅频特性$\kappa(u, v)$的卷积，即平滑过程；$\Phi(u, v)$表示分数阶傅里叶变换后的相频特性。

表3-1　信息熵与阶数p的关系

p	0.1	0.3	0.5	0.7
图像1	2.169 0	3.126 8	3.337 9	2.717 0
图像2	2.067 5	2.645 1	2.877 5	1.666 8

图3-11　p阶二维FrFT

3.4.3　离散FrFT阶数与图像信息熵的关系分析

二维分数阶傅里叶变换的阶数p与相频特性存在着某种对应关系，由表3-1可知，阶数p整体上可分成三段即在0.1～0.3时，信息熵随之递增；0.3～0.5时，信息熵平稳不变；0.5～0.7时，信息熵出现下降趋势。针对不同的图像，选择不同的分数阶进行FrFT的结果不同。

3.5 FrFT 的显著性图生成模型

3.5.1 显著性图 *SM* 模型

一般而言，通过成像设备采集而得的图像含有多种噪声，为此研究存在噪声干扰的情况下显著性图 **SM** 的生成模型。为准确地突出显著性目标，本节选择不同的分数阶 p 对显著性图进行加权，$f(p)$为某种噪声信号的密度分布，权值系数为 k_p。

$$\boldsymbol{SM}=\int_0^1 k_p f(p)\boldsymbol{M}(p)\mathrm{d}p \tag{3-35}$$

$$k_p=\frac{pf(p)}{\int_0^1 f(p)\mathrm{d}p} \tag{3-36}$$

式中，$\boldsymbol{M}(p)$表示阶数为 p 的 FrRT 后所对应的矩阵，显然，由 p 的定义域可知其具有连续性，而 p 的取值会直接影响噪声信号对目标对象的干扰效果。为提高算法运算精确度以及计算效率问题，采用数值积分 Cotes 求积式解决连续性积分问题，如下式：

$$\int_a^b \boldsymbol{F}(p)\mathrm{d}p\approx(b-a)\sum_{k=0}^{n}\boldsymbol{C}_k^{(n)}\boldsymbol{F}(p_k) \tag{3-37}$$

$$\boldsymbol{F}(p)=k_p\boldsymbol{M}(p)f(p) \tag{3-38}$$

令 $p=a+th$

$$\boldsymbol{C}_k^{(n)}=\frac{h}{b-a}\int_0^n\prod_{\substack{j=0\\j\neq k}}^{n}\frac{t-j}{k-j}\mathrm{d}t=\frac{(-1)^{n-k}}{nk!\ (n-k)!}\int_0^n\prod_{\substack{j=0\\j\neq k}}^{n}(t-j)\mathrm{d}t \tag{3-39}$$

可得出

$$\boldsymbol{SM}=\boldsymbol{F}(p)\boldsymbol{C} \tag{3-40}$$

式中，$\boldsymbol{F}(p)$表示变量为 p 的列向量；h 为步长；$\boldsymbol{C}=[c_0^{(n)}, c_1^{(n)}, \cdots, c_n^{(n)}]$，表示 n 维列向量的系数；**SM** 表示生成的显著性图，其等价于 **C** 与 $\boldsymbol{F}(p)$ 相乘，**C** 是列向量。

3.5.2 最优化问题

本节目的是从所有的 **SM** 序列集$\{SM_k\}$上锁定一个具体的尺度 k，利用信

息熵作为判断标准进行评定，如下式：

$$k_p = \arg\min_k \{\mathcal{H}(SM_k)\} \tag{3-41}$$

式中，$\mathcal{H}(x) = -\sum_{i=1}^{n} p_i \lg p_i$ 是 x 熵的定义。使用熵的原因如下：显著性图可以看作是概率图。在理想的显著性图中，感兴趣区域将被赋予较高的值，而其余部分将被很大程度地抑制。因此，显著性图直方图中的值将围绕某些特定值进行聚类。根据熵的定义，显著性图的熵非常小。

传统的熵是基于变量 x 的分布，如果给出直方图，则确定 x 的熵。然而，空间几何信息被忽略。如图 3－12 所示图像可能具有相同的直方图，从而具有相同的熵值，尽管空间结构变得越来越混乱。很明显，在显著性检测中，总会希望避免选择一个高度混乱的图。在二维信号分析中需要考虑到空间几何信息，本节给出一个熵的改进定义。单独考虑每个像素，并要求它也依赖于其邻域的值。利用高斯核对二维信号进行滤波，然后在平滑的二维信号上计算常规熵，从而达到这个目的。因此，定义新的熵如下：

$$\mathcal{H}_{2D}(x) = \mathcal{H}\{g_n \star x\}$$

式中，g_n 是一个尺度为 ς 的低通高斯核。

图 3－12　二维图像具有相同的直方图，但具有不同的空间结构

如图 3－13 所示，如果 ς 太小，特别是当 $\varsigma=0$ 时，则高斯滤波会产生很小的影响。如果 $\varsigma=1.2$，则熵值会随着图像变得越来越混沌而增大，这是相对合理的。但是，如果 ς 太大，则熵值就会减小。一方面希望 ς 尽可能大，像素的传递过程影响就相应地增大。另一方面，理论上希望 ς 的增大过程不会破坏时域信号的结构。所以，ς 应该与期望检测到的最小区域的大小有关。实验表明 ς 位于 $[0.01, 0.03]$ 区间会得到可以接受的效果。

除了熵之外，选择适当的尺度 k 是另一个要考虑的问题。在 FrFT 中，在给定 $\{SM_k\}$ 的情况下，避免使用边界选择在边界区域响应强烈的显著性特征。因此为每个候选显著性图定义一个参数

$$\lambda = \sum \sum \mathcal{K}(m, n) \mathcal{N}(SM_k(m, n))$$

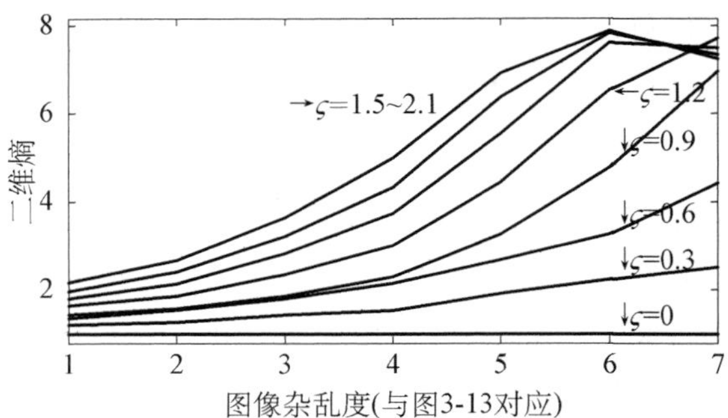

图 3-13　用不同大小的高斯核计算的结果

其中 $\mathcal{K}$ 是一个二维中心高斯掩模，其大小与 S 相同，且 $\sum\sum\mathcal{K}(m,\ n)=1$，$\mathcal{N}(\cdot)$ 表示对 S 进行规范化，使所有像素值之和为 1。所定义的 λ 与 Zhang 等描述的中心偏置(center-bias)或边框切割(border-cut)并不相同，λ 目的在于只选择适当的尺度，而不是修改显著性图。因此，对二维熵和 λ 而言，k_p 定义如下式：

$$k_p=\arg\min_k\{\lambda^{-1}\mathcal{H}_{2D}(S_k)\} \tag{3-42}$$

此外，本节使用不含边界的图像熵作为判据，并将结果标记为 FrFTe。如图 3-14(f)第二行所示，FrFT 未能同时显示两个显著性对象区域，这是由于选择的尺度不同。为说明所提出模型背后所隐藏的信息，第 3.6 节中还通过检查显著性图的 ROC 评分确定在视觉上每个图像的最佳尺度，实验结果中用 FrFT* 表示。

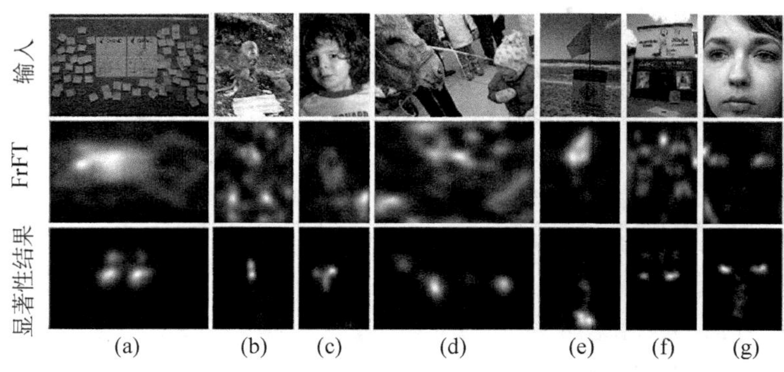

图 3-14　FrFT 在预测人类固定物中的误检图像实例

3.6　仿真实验

该部分设计四组仿真实验评估 FrFT 模型：①对背景噪声的敏感程度进行分析对比；②对心理学模式的反馈实验；③预测人类的定视效果；④预测视觉注意行为。比较采用八种模型：GBVS、SR、PFT、PQFT、AIM、SUN、ITTI 模型和 DVA。

本节对显著性检测算法的性能进行定性评价，并与人类观察者进行比较。对于前者，从本质上将显著性图与原始图像进行比较。使用一个简单的算法，根据显著性图确定一个对象；对于后者，需要真实值数据。本节采用两种基本原理，即固定数据和人工标记的显著性区域。在第 3.6.4 节中，使用由 Bruce 等提供的眼注数据作为基础真理评价前面列出的算法。

采用 ROC 评分（ROC 曲线下的面积）衡量其性能。在第 3.6.5 节中，还使用人工标记的对象区域（见图 3－3 的第二列）对算法进行评估，事实上，现有的眼动跟踪数据只包含位置信息。计算机视觉中的显著性检测算法被假定并期望能够检测场景中显著性的目标区域。例如一朵花（见图 3－3 的第四行），算法在整个区域内的响应应该基本一致，而不仅是沿花的边界或花上的若干点。在本实验中，除 ROC 外，还使用相似系数（DSC）作为评估阈值显著性图与真实值之间重叠程度的一种方法。DSC 曲线的峰值（PoDSC）是性能的一个重要指标，因为它对应最佳阈值。

3.6.1　噪声敏感度

为保证实验结果的客观性，本节中所有图像的输入来自固定数据库 MSRA10K，为精确地描述实验数据，本节定义噪声敏感度（NSS）这一概念。

首先考虑背景噪声对检测结果的影响，本节在图像输出时加入特定的噪声，并将两类视觉显著性模型 G&S 和 ITTI 与本节的 FrFT 算法进行性能比较，噪声敏感度分析如图 3－15。同时提出噪声敏感度评价指标 $h(v)$ 与 h_{variance} 的概念，具体定义如下：

$$h(v)=\lim_{\Delta v\to 0}\left(\sum_{(i,\ j)\in\Omega}\|\mathcal{R}_v(f(i,\ j))-\mathcal{R}_{v+\Delta v}(f(i,\ j))\|^2\right)^{\frac{1}{2}} \tag{3-43}$$

$$h_{\text{width}}=h_{\max}-h_{\min} \tag{3-44}$$

$$h_{\text{variance}} = \frac{1}{n} \sum_{i=1}^{n} \left(h(v_i) - \frac{h_{\text{width}}}{2} \right)^2 \tag{3-45}$$

式中，Ω 表示二维图像 $f(x, y)$；v 表示噪声的具体参数指标，$\mathcal{R}[\cdot]$表示某种视觉显著性模型如 G&S、FrFT 和 ITTI。输入信号为自然图像。图 3-15 表明在两种噪声(高斯噪声和椒盐噪声)背景下几类视觉注意力模型的仿真实验结果，由此可知，FrFT 模型对应的 $h(v)$ 随噪声参数 v 变化较小，即 h_{variance} 较小。

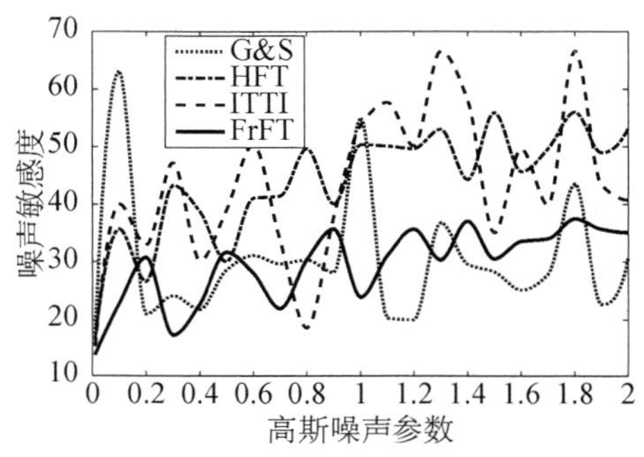

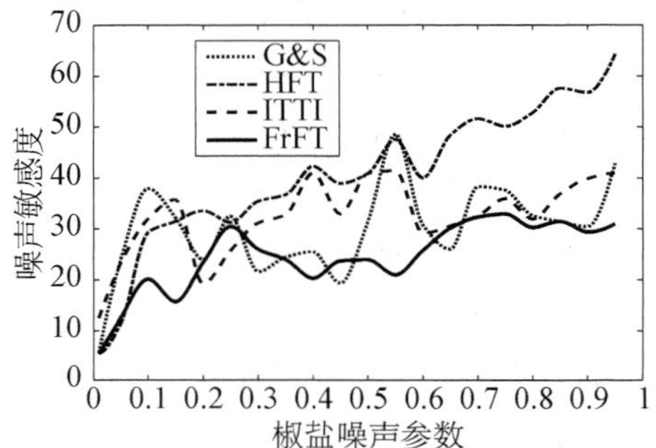

图 3-15　噪声敏感度分析

由式(3-39)可得，选择不同的 Cotes 节点数对最终的显著性特征有很大影响。本节采用一个二分类问题的分析方法研究不同模型 FrFT 在两种噪声[白噪声(white nosie)和泊松噪声(Poisson noise)]下与 Cotes 节点数的二元关系。

实验中输入图像来自 MSRA10K 数据库，绘制查准率-查全率(Pre-recall)曲线与受试者工作特征(ROC)曲线。由图 3-16 可得：Cotes 节点数 n 从 1 增加到 3，所有 Pre-recall 曲线均从左下向右上方平行移动，说明随检测精确度的增加，模型 PQFT、MAP、FrFT 和 HFT 的分类效果有所增强，且 PQFT 和 HFT 模型所生成的曲线分布离散且波动较大，说明噪声信号的改变对其影响作用较大，相反，MAP 和 FrFT 模型曲线相对分布集中，FrFT 的 ROC 曲线存在彼此交叠现象，说明噪声信号对其影响较小或几乎无影响，因此其检测效果优于其他三者。表 3-2 表示在不同视觉显著性模型下，准确率、召回率和 F_β 三个指标的比较，方法基于二维 FrFT 的显著性模型对应的性能指标均高于其他算法。

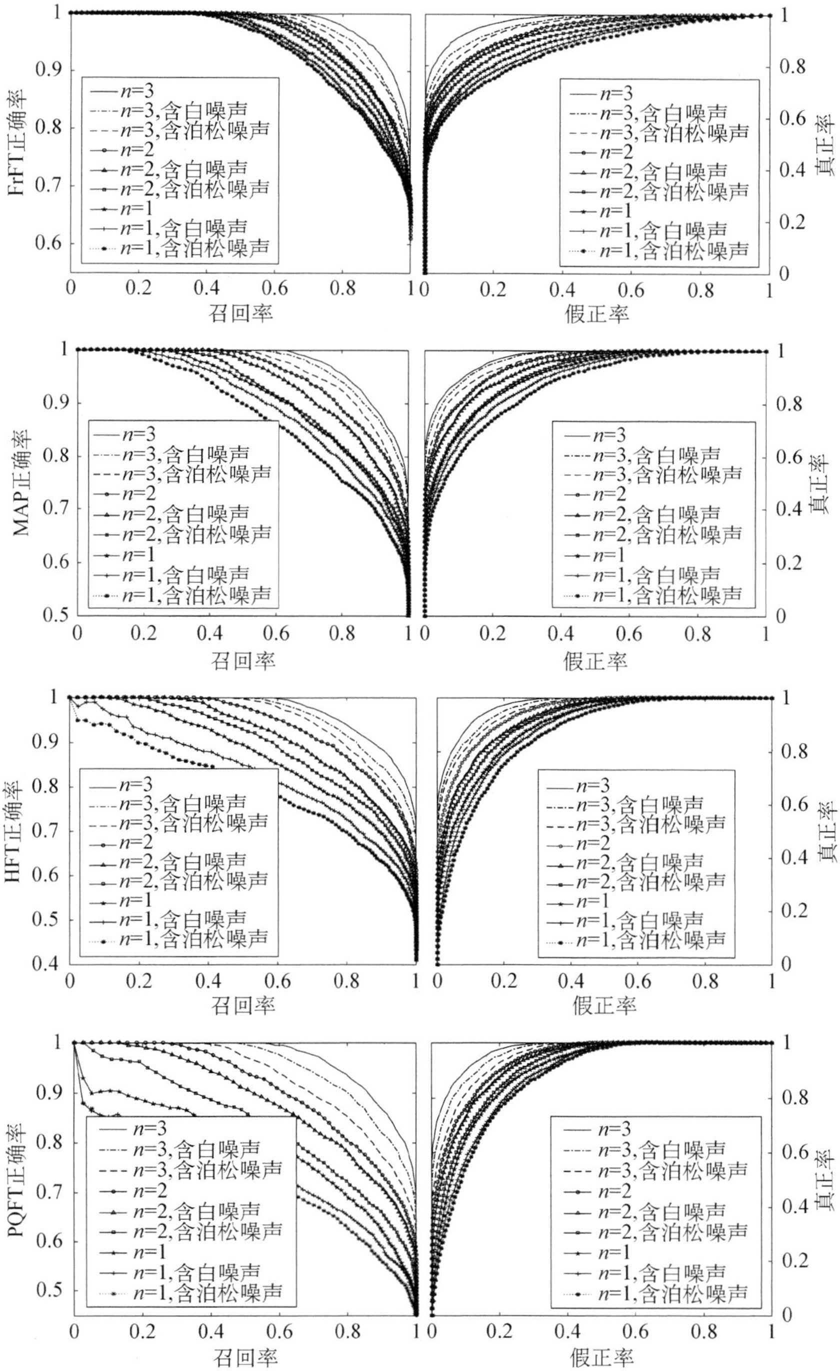

图3-16　Prec-recall 曲线(左)与 ROC 曲线(右)

表 3-2　不同显著性模型的统计分析

模型	GBVS	PQFT	ITTI	SUN	SR	HFT	MC	MAP	FrFT
准确率	0.57	0.77	0.39	0.75	0.82	0.81	0.62	0.79	0.92
召回率	0.69	0.50	0.55	0.59	0.71	0.86	0.50	0.70	0.89
F_β	0.624	0.606	0.456	0.660	0.761	0.834	0.555	0.740	0.905

3.6.2　定量比较

在对两种显著性模型进行定量比较时，应考虑两个方面：尺度和后处理。某些模型允许使用不同的图像尺度(输入图像大小)。因此，在这些情况下，通过使性能最大化而找到最佳比例，而对于其他模型，必须使用默认设置，三个数据集上的算法模型对比如表 3-3 所示。

表 3-3　三个数据集上的算法模型对比

子集编号	模型	图像尺寸	后处理		
			SM	BC	CB
1	FrFT	128×128②	明确的	否	否
1	SR	64×64①	明确的	否	否
1	SUN	$\frac{1}{8}$fullsize①	不明确的	否	否
2	AIM	$\frac{1}{2}$fullsize①	不明确的	是	否
2	DVA	80×120②	明确的	是	否
2	PQFT	64×64①	明确的	是	否
2	ITTI	fullsize①	明确的	是	否
3	GBVS	fullsize①	明确的	否	是

①代表对应某个固定模型所处理输入图像的最优尺寸；②代表输入图像的默认尺寸。

在后处理方面，以往大部分工作均直接使用 ROC，而没有研究影响这一方法公平性的任何后处理因素。存在三个因素可能影响 ROC 评分和 PoDSC：①边界切割记作 BC；②中心偏置设置记作 CB；③平滑记作 SM。本节对后处理操作进行公平比较而做出性能评价，首先通过将显著性模型划分为三个子集考虑 BC 和 CB：①不含 BC 和 CB 的模型；②含 BC 的模型；③含 CB 的

模型。如表 3 -3 所示，为消除 SM 的影响，分析对比每个模型的最优平滑参数。将 FrFT 类模型(FrFT、FrFTe 和 $FrFT^*$)在三个子类中与其他模型进行比较。

(1) 在子集 1 中将 FrFT 类模型与其他模型进行比较时，直接计算 ROC 和/或 PoDSC。

(2) 在子集 2 中将 FrFT 类模型与其他模型进行比较时，为所有这些模型设置边界割集，目的是保证大小相等。

(3) 在子集 3 中将 FrFT 类模型与其他模型进行比较时，分别对每个模型应用一个最优中心偏置设置，从而确保每个模型的 ROC 得分增至最大限度。

3.6.3　对心理学模式的响应

利用心理模式评价算法的两个方面：首先用它们评价基本的检测能力；然后评价它们对显著性区域的检测能力。主要采用四种心理模式：显著性取向和彩色模式(见图 3 - 17A 部分)、显著性形态模式(见图 3 - 17B 部分)、不对称模式(见图 3 - 17C 部分)和缺失项的模式(见图 3 - 17D 部分)。图 3 - 17 中的第一列显示原始图像，第二列显示 FrFT 算法处理后的显著性特征区域，其余列为已有的其他算法处理结果。FrFT 给出的原始对象位于第一列。结果与 SR、PFT、PQFT、STB 和 GBVS 进行比较。

如图 3 - 17A 部分所示，第一个图案由颜色线索激励而形成显著性目标。FrFT 和 PQFT 均获得可接受的结果，而 SR、PFT 和 STB 无法表达出显著性的特征。第二个图像包含具有不同颜色和方向线索而激励的显著性线条。FrFT、GBVS 和 PQFT 成功地显示白色线条，而其他方法则检测失败。第三个图像的显著性线条由明显的方向线索而激励，只有 GBVS 无法定位。

在图 3 - 17B 部分，FrFT、SR、PFT 和 PQFT 的检测效果良好。而在 B3 中，尽管 SR 和 PFT 均能提高显著性区域的检测性能，而非显著性区域不能被正确地抑制。在 B2 中，STB 算法检测失败，在 B3 中，STB 和 PQFT 均未能检测到显著性区域。

所有算法均能在图 3 - 17 C1 和 C2 中找到不对称显著性区域。然而，SR、PFT、GBVS 和 PQFT 对非显著性区域的抑制作用有限。所有算法对 C3 有很好的处理效果，FrFT 取得最好的效果。对人工检测来说，在 C4 中找到显著性特征显然是一项更困难的任务，而 SR、PFT 和 PQFT 的检测结果类似，STB 和 GBVS 甚至完全错检，普遍来说，其检测结果不如 C3 图像。对于显著性区域为一个空区域，如图 3 - 17 的 D1 所示，理想的检测算法也能找到该区域。可以发

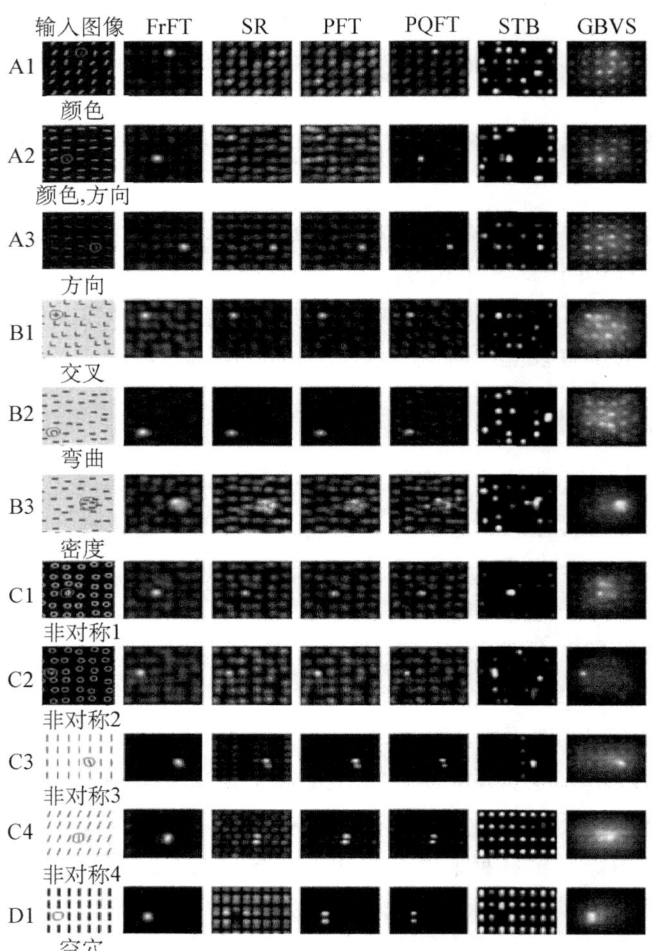

图 3 - 17　对心理模式的响应

现,FrFT、PFT、GBVS 和 PQFT 能够成功地检测到缺失的信息,且 FrFT 达到的检测效果更好。

总体上,FrFT 在图 3 - 17 所示的所有案例中表现最好,同时还注意到 SR 和 PFT 在 A1～C2 情况下得到的结果大致相同。然而,它们在 C 类情形中产生的结果不同。对于 C3～D1 这几组图像,由于 PQFT 是 PFT 的高级版本,它的性能优于后者,特别是在彩色线索情况下。而在其他情形中,PQFT 的处理效果几乎与 PFT 和 SR 一样。

可以推断图像显著性检测器将显著性显示不同尺寸的显著性区域,为此本

节创建三种模式，其中显著性区域尺度逐渐增大，如图 3－18 所示。所有算法对小区域均有很好的响应（见第一行）。然而，随尺寸的扩大，PQFT、ITTI 和 SR/PFT 的性能下降。当显著性区域较大时，SR 和 PQFT 只响应于区域的边界，而 FrFT 和 GBVS 均显著性显示，且显著性区域均匀。

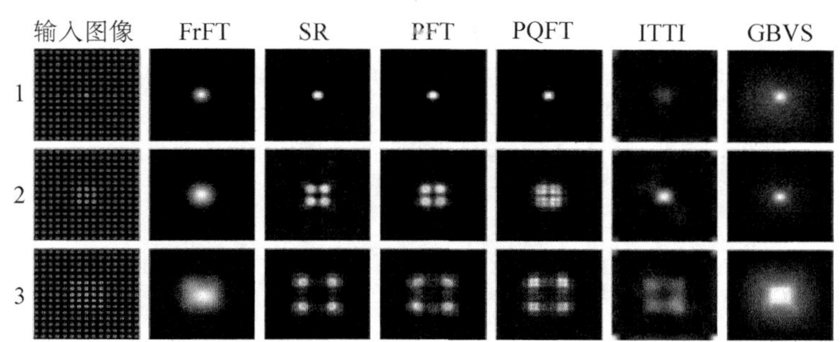

图 3－18　不同大小的显著性区域对心理模式的反应

3.6.4　预测人眼注意力

本节对 FrFT 进行性能评价，并将其与使用人工固定数据的最先进方法进行比较。为此采用 Bruce 数据库中的相关数据，其包括 120 幅与眼动数据相关的自然图像。量化结果如图 3－19 所示，其中图（a）～图（c）分别代表子集 1，2，3。

首先比较 FrFT 类模型和子集 1 中的模型。这些模型不存在边界切割和中心偏差，因此只需寻找最优平滑尺度以比较模型。图 3－19（a）对具有不同平滑度的每个模型的 ROC 得分进行统计，可以观察到它们在不同的平滑度水平上获得各自的最大 ROC 分数。同时使用峰值 ROC 评分建立各模型的性能及对平滑的影响进行补偿。

对图 3－19（a）、（b）和（c）每个算法的峰值性能用三角形标记。由 3－19（a）可见，FrFT 获得最好的性能，而 SR、PFT 和 SUN 大致相同。

其次将 FrFT 与子集 2 中的模型进行比较，分别为 FrFT 类模型和子集中的模型设置边界集。事实上，没有任何检测模型采用相同的边框裁切算法，因此无法有效地进行比较。若不经过校验，子集 2 中的模型中的 ROC 评价不具有可靠性。如图 3－19（b）所示，FrFT 类算法和 ITTI 模型均是性能最好的模型，而 AIM 峰值性能高于 DVA。在最近的文献中，GBVS 能得到很高的 ROC 评价，并且比其他模型更好。原因在于 GBVS 包含一个全局中心偏移。当将 FrFT 类

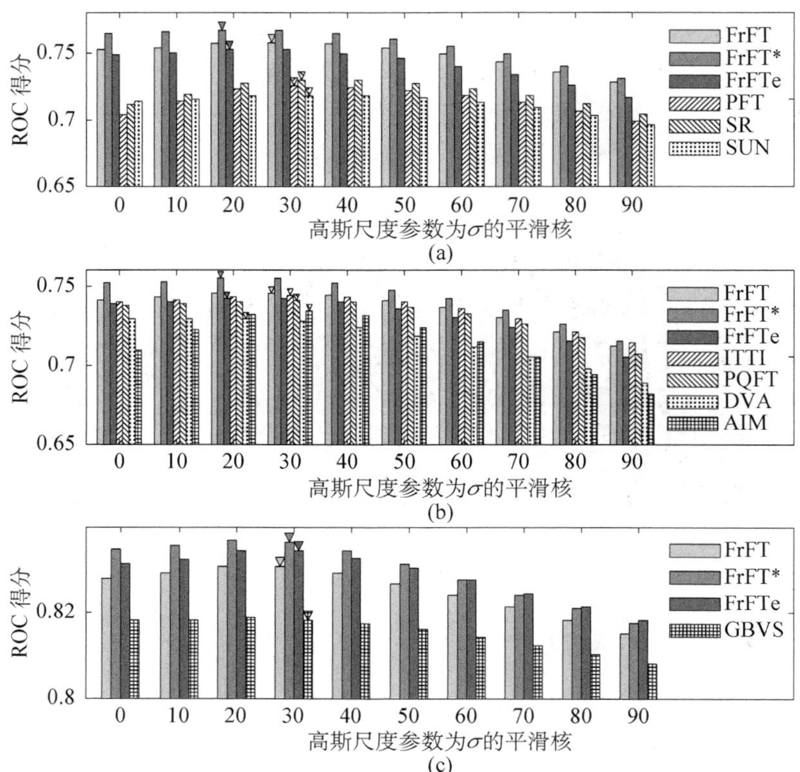

图 3-19 FrFT 类模型在三个子集中与其他模型的性能(ROC 评分)比较

模型与 GBVS 进行比较时,选择两者的最优中心偏置。由图 3-19(c)可见,FrFT 类算法(包括 FrFT、FrFTe 和 FrFT*)呈现较好的性能,其表现均优于 GBVS。

3.6.5 分类图像下算法性能对比

除使用固定数据外,本节还使用人工分类的对象图评估这些算法。显然,不同的图像对显著性检测器均有不同程度的困难。然而,文献中现有的显著性基准都是图像的集合,并没有尝试过分类,主要在于所需的分析困难。利用 Google 和最近的文献,收集一个包含 235 幅图像的数据库。该数据库中的图像被划分为 6 组数据。

第 1 组 50 幅图像具有较大的显著性区域;

第 2 组 80 幅图像具有中等大小的显著性区域;

第 3 组 60 幅图像具有小尺寸的显著性区域；

第 4 组 15 幅背景杂乱的图像；

第 5 组 15 幅图像的背景存在重复性干扰；

第 6 组 15 幅图像分别含有大范围的显著性区域和小范围的显著性区域。

本节中阐述每个模型的整体性能，实验中列举最佳平滑性能。计算各模型的 ROC 评分（AUC）和 DSC 曲线峰值（PoDSC），如表 3－4～表 3－7 所示。图 3－20 是一些示例。

表 3－4　经过修改后的单分辨率模型性能

模型	AUC（改进后）	PoDSC（改进后）
SR	0.875 2（↑0.031 2）	0.431 9（↑0.038 1）
PFT	0.876 7（↑0.023 9）	0.447 1（↑0.040 8）
PQFT	0.890 3（↑0.020 0）	0.495 9（↑0.024 4）
SUN	0.847 7（↑0.007 3）	0.413 3（↑0.029 9）
AIM	0.882 8（↑0.002 5）	0.499 0（↑0.005 2）

表 3－5　子集 1 中 FrFT 模型与其他模型的对比数据（每个模型的最优化平滑参数）

模型	组 1	组 2	组 3	组 4	组 5	组 6	综合
	AUC|PoDSC	AUC|PoDSC	AUC|PoDSC	AUC|PoDSC	AUC|PoDSC	AUC|PoDSC	AUC|PoDSC
FrFT	**0.942 0|0.724 8**	**0.914 2|0.547 7**	**0.934 7|0.455 9**	**0.944 4|0.585 2**	**0.918 9|0.577 4**	**0.953 1|0.697 2**	**0.927 7|0.541 3**
FrFTe	0.909 7|0.658 8	0.904 6|0.510 8	0.934 4|0.449 8	0.945 9|0.630 2	0.890 3|0.511 9	0.941 4|0.648 5	0.915 5|0.502 5
FrFT*	0.953 9|0.743 4	0.942 1|0.618 0	0.956 8|0.521 3	0.968 2|0.684 2	0.940 9|0.614 4	0.970 5|0.756 4	0.949 3|0.595 9
SR	0.814 4|0.510 0	0.849 1|0.431 7	0.908 7|0.327 7	0.759 1|0.279 2	0.792 5|0.326 2	0.892 0|0.540 0	0.851 9|0.392 5
PFT	0.806 0|0.502 5	0.842 2|0.428 8	0.926 5|0.377 6	0.729 0|0.292 7	0.772 0|0.337 3	0.896 3|0.557 0	0.862 2|0.396 0
SUN	0.821 4|0.538 9	0.845 3|0.451 8	0.882 4|0.302 2	0.699 0|0.242 8	0.806 3|0.376 9	0.877 4|0.555 1	0.840 0|0.401 4

表 3-6　子集 2 中 FrFT 模型与其他模型的对比数据(BC 处理后的最优化平滑参数)

模型	组 1	组 2	组 3	组 4	组 5	组 6	综合
	AUC|PoDSC	AUC|PoDSC	AUC|PoDSC	AUC|PoDSC	AUC|PoDSC	AUC|PoDSC	AUC|PoDSC
FrFT	**0.933 3|0.739 0**	**0.905 9|0.569 2**	**0.932 3|0.486 6**	**0.937 3|0.606 9**	**0.913 2|0.588 8**	**0.943 6|0.710 9**	**0.921 2|0.562 2**
FrFTe	0.900 5|0.686 2	0.899 9|0.539 8	0.930 7|0.461 6	0.946 6|0.656 3	0.865 5|0.528 1	0.933 5|0.673 8	0.909 7|0.528 4
FrFT*	0.947 3|0.757 9	0.937 3|0.642 9	0.957 3|0.549 8	0.965 5|0.700 7	0.936 9|0.632 5	0.963 9|0.765 3	0.946 5|0.622 1
AIM	0.850 6|0.600 6	0.875 6|0.522 1	0.935 4|0.405 1	0.836 5|0.396 4	0.866 3|0.498 2	0.911 9|0.648 4	0.882 6|0.493 7
PQFT	0.856 6|0.619 6	0.876 6|0.534 5	0.909 1|0.389 6	0.820 0|0.381 4	0.841 6|0.429 9	0.910 0|0.639 3	0.874 9|0.472 4
DVA	0.807 0|0.573 1	0.856 1|0.509 0	0.903 3|0.395 2	0.761 3|0.363 4	0.824 5|0.454 9	0.904 3|0.625 7	0.850 5|0.463 7
ITTI	0.876 3|0.652 8	0.888 1|0.531 2	0.923 4|0.383 8	0.810 2|0.368 2	0.897 8|0.518 9	0.918 6|0.652 5	0.890 5|0.494 4

表 3-7　子集 3 中 FrFT 模型与其他模型的对比数据(CB 处理后的最优化平滑参数)

模型	组 1	组 2	组 3	组 4	组 5	组 6	综合
	AUC|PoDSC	AUC|PoDSC	AUC|PoDSC	AUC|PoDSC	AUC|PoDSC	AUC|PoDSC	AUC|PoDSC
FrFT	**0.955 5|0.753 8**	**0.928 6|0.567 8**	**0.949 4|0.474 5**	**0.937 1|0.578 9**	**0.951 3|0.630 8**	**0.956 8|0.701 0**	**0.940 4|0.565 5**
FrFTe	0.939 9|0.720 3	0.927 7|0.568 7	0.960 4|0.501 4	0.945 0|0.630 5	0.935 1|0.602 8	0.956 9|0.707 9	0.939 3|0.559 9
FrFT*	0.965 5|0.776 1	0.952 3|0.638 6	0.971 4|0.563 0	0.969 9|0.701 8	0.963 4|0.683 1	0.973 3|0.757 6	0.959 9|0.624 0
GBVS	0.935 3|0.698 0	0.912 5|0.529 4	0.916 3|0.366 8	0.921 3|0.563 4	0.944 3|0.613 5	0.923 9|0.631 9	0.920 1|0.514 4

图 3-20(a)列举具有大显著性区域的自然图像，对于许多模型来说，这是一种具有挑战性的情况。很明显，FrFT 取得最佳的性能。AUC 和 PoDSC 标准也支撑这个结论。可知 GBVS 取得合理的结果，但 SR、PQFT 和 AIM 只是增强边界，而不是均匀地刻画整个显著性区域；在图 3-20(b)中，有五个中间显著性

区域的图像。例如在第二个场景中，有五朵显著性的花。FrFT 和 GBVS 正确检测到了这些对象区域。然而，所有其他模型均未能统一地区分这些显著性对象；图 3－20(c)中的图像包含远处的物体和干扰物(如第一行的天际线)，可观察到大多数算法均能很好地检测出小显著性区域。然而，有时 ITTI 的方法和 GBVS 无法抑制干扰因素(见第一行)。FrFT 模型略优于其他模型；图 3－20(d)中的图像背景非常混乱。这种情况也很困难，因为许多算法对背景噪声相当敏感。与显著性的物体相比，场景中重复的干扰物不应引起人眼的过多关注；图 3－20(e)描述重复对象中显示带有显著性对象的图像。在第二行和第三行中，FrFT 和 GBVS 抑制重复对象，并正确地增强显著性对象。在第四行中存在五张纸牌，其中一张为显性对象，算法 FrFT、PQFT 和 SR 成功地检测出目标同时抑制其余四张。FrFT 在这一类中也取得最好的表现；如果图像包含大的和小的显著性区域[见图 3－20(f)]，检测器应该能够同时检测两者。例如在第一行，有两种大小不同的花，但 SR、PQFT、ITTI 和 AIM 只对它们的边界做出强烈反应。然而，FrFT 和 GBVS 的检测结果较理想。正如前面所讨论的，FrFT 模型只选择一个最优的标度以确定输出目标。因此，不同尺寸的物体在显著性图中均未被检测或增强[见图 3－20(f)的第五行]。总之，FrFT 模型在所有六个

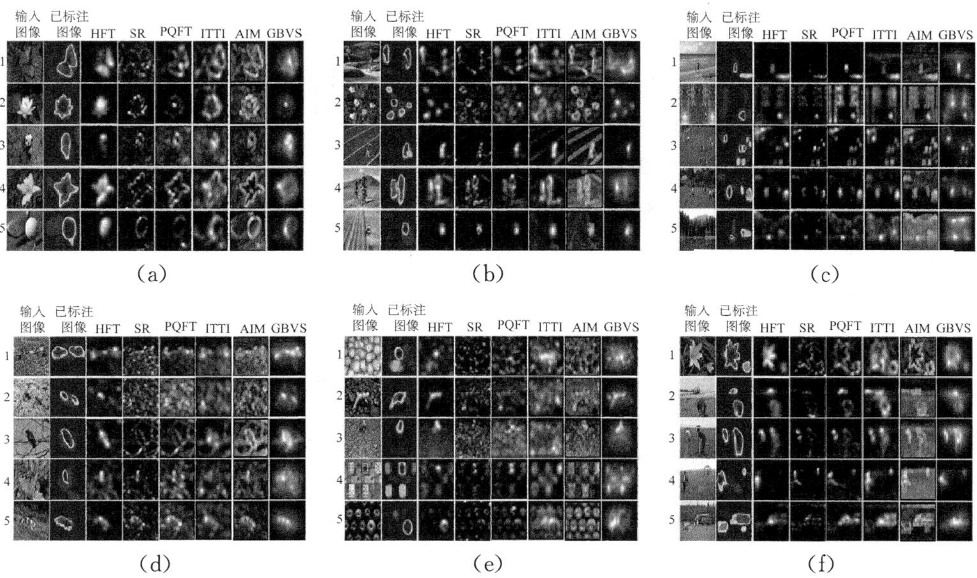

图 3－20　不同背景下 FrFT 与其他模型的算法处理结果对比

(a) 显著性目标区域较大　(b) 显著性目标区域较适中　(c) 显著性目标区域小　(d) 背景杂乱　(e) 背景存在重复性干扰　(f) 同时含有大、小尺寸的显著性区域

类别中均取得最佳性能。实验结果的定量化在表 3－5～表 3－7 中有所表示。此外，在杂乱场景中，FrFT 在检测大显著性区域和显著性时表现出优越性能。

如前所述，图 3－20 所在数据库中的图像包含不同大小的显著性区域。为在不同的尺度上找到显著性目标，可以考虑使用不同分辨率的图像作为输入。为此，本节对输入图像创建不同的分辨率，并将它们输入到剩余谱模型 SR 中，使用 Itti 等人描述的标准找到作为最终输出的最优显著性图，可以发现这些修改后的模型的性能有所改善（见表 3－4），尽管它仍然低于 FrFT 类模型（见表 3－5～表 3－7）。

虽然在第 3.6.3 节～第 3.6.5 节所述的实验中，FrFT 表现良好，但在某些情况下确实失败。FrFT 不能令人满意地预测几个复杂图像。FrFT 在某些情况下可以准确地预测人类固定物。但在图 3－14(a)和(b)中出现一些不正确的结果。在图 3－14(c)中，FrFT 不正确地突出衣服的某些部分，也没能突出眼睛。而在图 3－14(g)中，脸部的某些部分被错误地突出显示。在图 3－14(e)和(f)中，人们倾向于对文本信息感兴趣。FrFT 定位具有显著性低水平特征的区域（如红旗和时钟）。在图 3－14(d)中，FrFT 完全找不到显著性的头部。显然，先验知识和任务信息未被应用到自下而上(BU)的模型中。因此，这些方法侧重于具有明显的低层次特征（颜色和强度等）的区域，有时可能无法检测到人们所感兴趣的显著性已知区域（如人、动物和其他共同的物体）。解决这个问题的一种方法是使用更复杂的特性或调用自顶向下(TD)的线索。

大多数自下而上的显著性模型如 ITTI 和 AIM 等使用局部对比或中心环绕方案。同样，像 SR 这样的模型也可以认为是像素级的局部对比度模型（梯度运算）。这些方法对于检测小显著性区域很好，但在预测大显著性区域方面表现不佳。缓解这一问题的途径有两种，一种是采取多尺度战略；另一种方法是降低输入图像的分辨率，对显著性图进行大量模糊处理（如 SR 和 PFT）。最后，将 SR 模型描述为仅仅是像素级的局部对比度检测器是不确切的，如前所述，SR 和 PFT 是当频域的尺度变为无穷大时 FrFT 模型的特例。因此，它们具有全局抑制和抑制重复模式的能力。然而在这种情况下，基于局部对比的其他模型的性能会很差。若图像场景不含重复模式，SR 模型可作为一个梯度检测器只会增强物体的边界。

第 4 章

复杂背景下显著性目标的检测

显著性目标检测仍然是一个非常具有挑战性的问题，特别是在背景复杂或杂乱、前景目标与背景极为相似等情况下，一种判别性的显著性框架可解决这个问题。在构造的特征空间中，首先通过测量 χ^2 距离，提出一种判别相似性度量。然后引入先验分布概率获取相对粗糙的显著性特征去估计背景，消除目标中位于边界的一些干扰信息。在流形排序的基础上，提出一种鲁棒的显著性传播机制，通过设置适当的井节点以抑制背景区域。最后，利用几种细化技术生成相对平滑的显著性图。实验结果表明，该方法在不同的评价指标上具有较好的性能。此外，该方法也可适用于现有的显著性模型并会对这些模型的性能有所提高。基于所取得的高性能和可接受的计算量，它是后续应用程序的一个很好的选择。

4.1 概述

快速区分和定位场景中最感兴趣的区域是人类的惊人能力，它成为视觉注意在神经科学和计算机视觉中一个非常活跃的话题。其研究主要包括三个方面：眼注预测、显著性检测和客观估计。显著性检测是为使图像中的某些物体或区域从其邻域中脱颖而出并引起人们的注意。开发高效的显著性检测技术仍是一项具有挑战性的工作，可为各种计算机视觉任务(如对象识别、图像重定位、视觉跟踪、图像压缩等)提供极大帮助。

显著性检测的发展大致可分为两个阶段。第一阶段可以概括为基于低级线索的显著性检测，它有效地利用线索进行推断，如对照或者计算空间距离等策略，最常用的原则之一即背景优先原则，是将图像背景的狭窄的边界作为一个区域的显著性。然而，当物体与一个或多个图像边界相邻时，该算法将不精确并直接导致不良结果。为此，Wang 等删除由边界值的平均概率计算得到的超像素点，该超像素点被认为是前景噪声。Li 等将高色差经验处理的前 30%个像素点

认为是目标中所含的噪声。而 Li 等不考虑判别性的边界，保留其余的若干个像素点作为背景种子。尽管如此，如果计算图像边缘的显著性，该种方法是不可行的。对比度先验(contrast prior)是另一个广泛使用的原理，其通过测量目标区域与其他区域之间的局部或全局对比度差异计算显著性。空间分布优先、焦点优先和物体优先也用来作为显著性检测的策略。它们在简单的情况下均表现良好，但在复杂的场景中效果不佳，如图 4 - 1(a)所示，这主要是由于没有办法刻画相似性度量，例如欧几里得 CIELab 颜色空间距离。

第二阶段通常称为基于传播的显著性检测，其应用一些优化技术提高这类粗显著性特征的视觉质量。输入图像首先是一个以分段超像素为节点的图，该节点由加权边界连接。然后，通过沿这些边界扩散的不同传播模型进行显著性值的计算。如随机游动和流形排序。最近几年基于显著性传播方法的蓬勃发展，文献中采用很多新方法。Sun 等阐述 2 -环图模型的马尔可夫吸收概率，解决产生的前景线索与所有图像元素的相似性。Li 等提出内部和标签间的传播方法与共转导框架相结合，进行显著性检测。Qin 等提出一种基于元胞自动机的传播机制，通过与邻域交互利用相似的超像素的内在相关性。

为得到精确的像素化显著性图，Li 等开发了正则随机游动排名模型优化先验图。受教育心理学理论的启发，Gong 等提出一种新的传播方法，其主要思想是对可区分性强的区域(简单区域)优先进行显著性传播，同时对背景与前景存在模糊边界且难于分割的区域(复杂区域)进行滞后显著性传播。而 Tong 将其作为一个分类问题，提出一种利用多个特征进行显著性检测的学习方法。但是，当前景种子不够精确时，换句话说，如果错误地选择某些背景区域作为前景种子，它们也会被扩散，从而导致检测结果不准确。Wang 等提出种子算法选择机制，但它们不够精确或费时。此外，这些传播方法仍然不能描述对象，对于目标特征不明显的图像，也无法很好地抑制背景区域，特别是当背景与目标非常相似时，如图 4 - 1(b)所示。

总之，显著性传播是获取高质量显著性图的有效方法，也是近年来显著性检测的主要研究方向之一。然而，它仍然不能令人满意，特别是在背景复杂或杂乱的图像中。本书提出一种判别性的显著性传播(DSP)框架以克服上述缺点。其还可应用于其他显著性传播模型，以获得显著性改进。首先通过组合三个颜色空间(CIELab、HSV 和对立颜色空间)，构造梯度幅值通道用于相似性度量。通读大量文献可知，所有现有的显著性传播方法均是基于 CIELab 颜色中的欧几里得距离解决的，然而，在真实场景中，该方法区分颜色或外观非常相似的显著性区域和背景却有限。其次可使用分布优先过滤边界中最不可能属于背景的超

像素。从而获得更稳定和可靠的背景种子。因此，可以通过测量每个超像素的差异获得概率分布导向的背景(DGB)度量显著性图。再次为减少传播误差，可将井节点引入流形排序，井节点是指在流形排序中会受到惩罚的节点，因此，背景区域不会扩散。如果设置适当的井节点，则物体就能很好地体现显著性，不需要迭代，因此更简单、更有效。最后通过 Sigmoid 函数与显著性图用于生成平滑的像素级的显著性图，并提出一种新的两级融合方法以进一步改进，利用两种不同的超像素分割方法组合显著性图以捕捉它们的互补特性。

概括地说，主要贡献包括如下几方面：

(1) 提出一种基于背景的显著性模型，该模型将分布先验与新的判别相似性度量相结合，当显著性对象连接到一个或多个图像边界并分别处理背景复杂或杂乱的图像时，也会使用该方法获得所需的结果。

(2) 与种子选择方法不同，即在流形排序中引入井节点，以减少传播误差，特别是在背景区域。与现有的基于传播的方法相比，较少的背景区域会被错误地检测为显著性目标。它还可用于改进现有基于传播的方法。

(3) 进一步提出几种基于超像素的显著性检测的细化技术，该技术能够均匀地获取显著性目标，并能产生平滑的显著性图像。

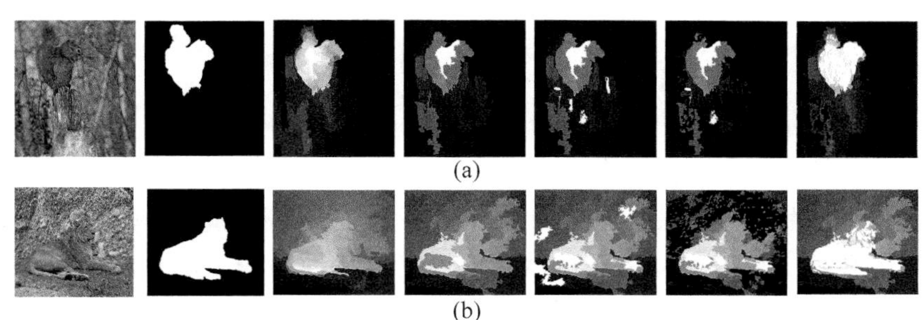

(a)

(b)

图 4-1　复杂背景图像的显著性检测

(a) 基于低级线索的模型，自左向右分别为输入图像、显著性真值、SF、GS、RC、UFO 和 DSP 方法　(b) 基于传播的模型，自左到右分别是输入图像、显著性真值、MC、MR、RBD、BSCA 和 DSP 方法

以查全率(PR)曲线、F-measure、平均绝对误差(Mae)和 ROC 曲线下面积(AUC)为评价标准，将本书方法与国内外 15 个研究成果进行比较，输入数据来自 5 个基准数据集。实验结果表明该方法具有良好的性能。同时，它也与基于监督深度学习的方法在数量和质量上相比较，此外，计算开销在可接受范围内，每幅图像约需 0.47 秒实现该算法。

4.2 基于显著性传播算法

本节介绍一种有效的显著性检测框架。首先采用不同的分割算法将输入图像分割成一定数量的超像素。然后将多色空间和梯度幅值相结合构造特征空间用于超像素描述,此类空间既可用于粗糙显著性图的生成,也可用于图像的显著性传播,目的在于区分非常相似的区域。在此基础上,利用去除图像中前景噪声的分布,计算出基于背景的弱显著性图。得到的粗显著性图再进一步通过井节点传播算法进行优化。最后,利用 Sigmoid 函数和快速双边滤波器对生成的显著性图进行细化。进一步提出一种新的两层融合方法,提高性能。显著性检测算法流程如图 4-2 所示。

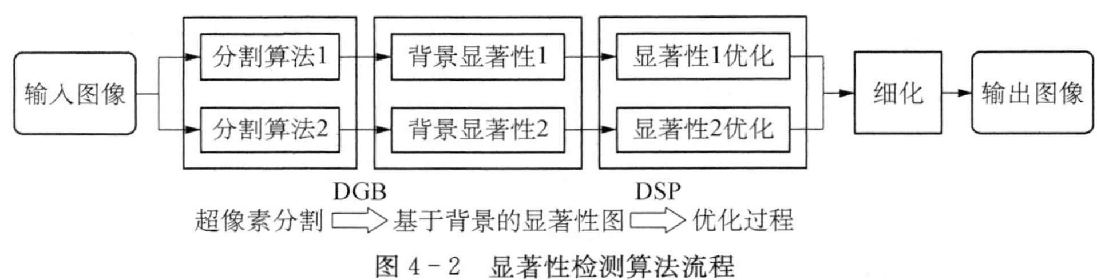

图 4-2 显著性检测算法流程

4.2.1 判别式相似性度量

相似性度量是显著性检测的关键,其用于测量背景和前景区域的差异,许多无监督和监督的相似性度量已经被探索用于显著性检测。现有的方法只是将 CIELab 颜色空间中的欧氏距离作为相似性度量在显著性传播时构造关联矩阵。然而,它不能很好地区分背景区域和前景区域,尤其针对复杂图像。

Zhang 等通过联合标定推理将两个颜色特征组合成显著性传播,与此不同,本处将多颜色直方图特征直接对应到一个可判别的特征向量。CIELab 和 HSV 是以往工作中使用最多的颜色空间,其有效性在相关的研究中已得到证明。本书进一步介绍对立颜色空间。三个颜色通道为(R+G+B)/3 黑-白通道、R-G 获得的红-绿通道和 B(RG)/2 得到的蓝-黄通道。然后,在这三个颜色空间中可以得到一个融合的直方图特征,用于后续的初始显著性图估计和显著性传播。

而在复杂的图像中,尤其是背景和前景颜色非常相似的情况下,算法仍然存在挑战。此类图像通常具有不同的纹理结构,这在以往的大部分文献中均通过局部二值模式特征度量。本节使用梯度大小提高效率。采用不同窗口大小的高斯滤波器(5×5，9×9，15×15)，σ 值(1，3，5)对应到梯度幅图上，将它们相加得到一个粗略的显著性图。从图 4-3 可以看到背景或目标具有不同的纹理结构，目标信息可以通过梯度刻画。通过将其与上述彩色通道连接，可以得到超像素描述的最终特征。表 4-1 列举了所用到的特征，超像素特征向量由 256×3+64=832 维组成。最后，在所获得的特征空间中，利用 χ^2 对相似度进行简单的度量。与欧氏距离测度相比，χ^2 距离具有更强的判别性。

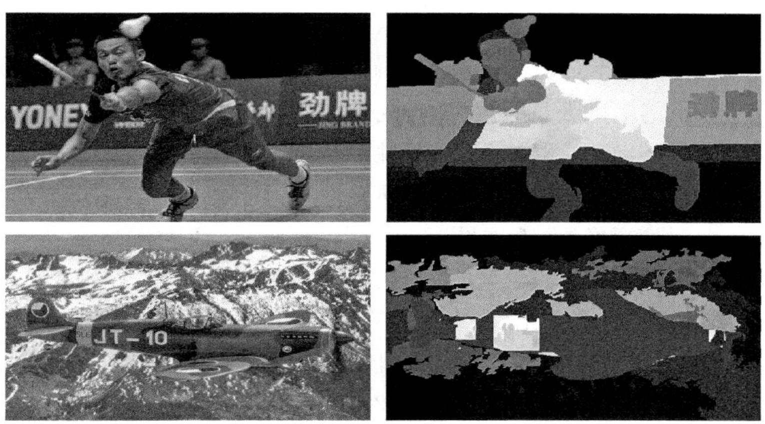

图 4-3　输入图像(左)及其相应的梯度图(右)

表 4-1　超像素特征

特征描述	维数
CIELab 颜色直方图	256
HSV 颜色直方图	256
对立色直方图	256
CIELab 梯度直方图	64

4.2.2　分布导向背景

背景是一种非常有效的线索，在显著性检测中得以广泛应用。然而，对于上述提到的情况，可能无法得到较好的显著性检测结果。一些工作试图通过只计算图像边界之间的显著性以解决这一问题，当背景复杂时将失去有效性。在这种情况下，一些背景区域存在可判别性，作为前景噪声应该被滤除，为此本节用空间方差测量所得的整体图像作为先验分布。低方差的超像素比空间分布广泛的像素更具显著性。详细定义如下式：

$$D_i = \frac{1}{Z_i}\sum_{j=1}^{N}\exp\left(-\frac{h_{ij}}{2\sigma_d^2}\right)\|p_i - \mu_i\|^2 \tag{4-1}$$

$$\mu_i = \frac{1}{Z_i}\sum_{j=1}^{N}\exp\left(-\frac{h_{ij}}{2\sigma_d^2}\right)p_j \tag{4-2}$$

式中，h_{ij} 是构造的特征空间中超像素 i 和 j 的两个直方图之间的 χ^2 距离；p_j 是超像素 j 的位置；Z_i 是归一化项；μ_i 表示超像素 i 的加权平均位置；N 是超像素的数目；参数 σ_d 刻画颜色分布的灵敏度。

在分布先验的基础上，通过设置不同边界的各自阈值，可以简单地去除图像边界区域中的前景噪声，因为当与显著性的物体连接在一起时，它们具有不同的概率分布。具体而言，如果基于分布的显著性值大于 OTSu 自适应导出的阈值，则从背景集中删除超像素，选取图像边框中剩余的超像素作为背景集，表示为 BG，前景噪声去除的效果如图 4-4 所示，图(a)为输入图像，图(b)为背景种子(图像边界上的黑色区域)，图(c)为基于背景种子的显著性图，图(d)是基于显著性图的概率分布，该算法相对比较稳定且可靠性大。然后，通过计算对比度和所获得的背景种子测量基于背景的显著性图。

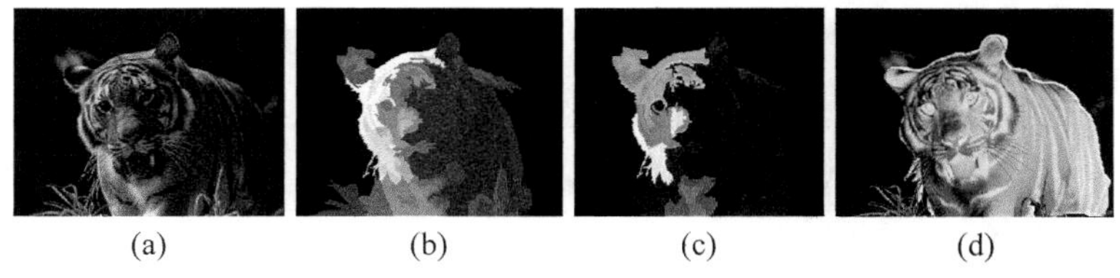
(a) (b) (c) (d)

图 4-4　前景噪声去除的效果

然而，在输入图像比较复杂的情况下，背景种子中的超像素可能与每个像素不同。换句话说，背景中的超像素仅与背景种子中的某些部分相似，而不是背景种子中的所有超像素，相反，目标中的超像素将与所有背景种子不同。因此，用超像素和背景种子之间的所有差异度量其显著性值并非一个好的选择。在以往的工作中，显著性是单独测量每个图像边界或若干个背景部分得到的 K-均值聚类。采用最小 L 差进行累加，从而确定基于背景的显著性，其定义为

$$B_i = \sum_{l=1}^{L}\widehat{h}_{ij},\ i=1,\ \cdots,\ L \tag{4-3}$$

式中，$\widehat{h}_{ij}$ 表示属于背景集的超像素 i 和超像素 j 之间的上升排序距离。L 设为 $\frac{|BG|}{10}$，其中 $|BG|$ 是 BG 的基数。通过 B_i 将规范为[0, 1]，可得到分布导向背景(DGB)的粗显著性图。

4.2.3　井节点的显著性传播

上述基于分布导向背景生成的粗显著性图需要通过显著性传播进一步优化，其要求是可靠且准确地从标记的超像素输出显著性值至其他未标记的超像素。大多传播方法均具有与 $\boldsymbol{f}^{*}=\boldsymbol{A}\boldsymbol{s}$ 相似的形式，其中 $\boldsymbol{A}$ 是传播矩阵，$\boldsymbol{f}$ 和 $\boldsymbol{s}$ 分别表示显著性值和前景种子。一些工作侧重于构造传播矩阵，而另一些工作试图学习最优的前景种子。与它们不同的是，本书以一种新颖的方式对其进行改进，在流形排序中引进井节点以减少传播误差。

给定分割成 N 个超像素的输入图像，每个超像素的邻域按照之前的文献进行定义，其中包括与其相邻的超像素，并与相邻的超像素共享共同边界。此外，属于 BG 的超像素认为存在相互连通性。在所构造的特征空间中，通过卡方距离测量两个超像素的相似性，其定义为

$$w_{ij}=\begin{cases}\exp(-\lambda h_{ij}), & j\in NB(i)\\ 0, & i=j\end{cases} \tag{4-4}$$

式中，$NB(i)$ 是超像素 i 的邻域集合；λ 是控制相似性强度的参数。实验中自适应地设置 $\lambda=8(1-\text{mean}(h))$，$h$ 的平均值较高说明存在较大的显著性目标，应设置较宽松的强度，从而得到一个加权矩阵 $\boldsymbol{W}=[w_{ij}]_{N\times N}$ 和归一化对角矩阵 $\boldsymbol{D}=\text{diag}\{d_1, \cdots, d_N\}$，其中 $d_i=\sum_j w_{ij}$。在此基础上，建立具有节点 V 和边 E 的图结构 $G(V, E)$，其中 V 对应于粗显著性值 $\boldsymbol{s}=[B_1, \cdots, B_N]$，$E$ 依据 $\boldsymbol{W}$ 进行加权，设 $f: s\rightarrow \boldsymbol{R}^N$ 为排序函数，其将 $f=[f_1, \cdots, f_N]$ 与每个输入 B_i 对应。本节直接使用每个超像素的粗糙显著性值以替换流形排序，可以推测在二值化过程中会引入一些误差。

基于上述定义，将井节点的概念引入数据流形中，从而导出传播矩阵，设 $I_f=\text{diag}\{\delta_1, \cdots, \delta_N\}$，其中，如果超像素 i 是井节点，则 δ_i 为 0，否则为 1，则与排序分数向量 $\boldsymbol{f}$ 相关联的成本函数可以表述为

$$\boldsymbol{f}^{*}=\arg\min_{f}\frac{1}{2}\left(\sum_{i,j=1}^{N} w_{ij}\parallel T_{ij}\parallel^{2}+\mu\sum_{i=1}^{N}\parallel \delta_i f_i-B_i\parallel\right) \tag{4-5}$$

式中，$T_{ij}=\frac{\delta_i}{\sqrt{D_{ii}}}f_i-\frac{\delta_j}{\sqrt{D_{jj}}}f_j$，$\boldsymbol{f}$ 的最优解可以通过将上述函数的导数设为零而获得，其可以写成

$$\boldsymbol{f}^*=(\boldsymbol{I}-\alpha\boldsymbol{D}^{-\frac{1}{2}}\boldsymbol{W}\boldsymbol{D}^{-\frac{1}{2}}\boldsymbol{I}_f)^{-1}\boldsymbol{s} \tag{4-6}$$

式中，$\boldsymbol{I}$ 是单位矩阵，$\alpha=\frac{1}{1+\mu}$，设 $\boldsymbol{P}=\boldsymbol{D}^{-1}\boldsymbol{W}\boldsymbol{I}_f$，则 $\boldsymbol{P}$ 是 $\boldsymbol{D}^{-\frac{1}{2}}\boldsymbol{W}\boldsymbol{D}^{-\frac{1}{2}}\boldsymbol{I}_f$ 的相似变换：

$$\begin{aligned}\boldsymbol{D}^{-\frac{1}{2}}\boldsymbol{W}\boldsymbol{D}^{-\frac{1}{2}}\boldsymbol{I}_f&=\boldsymbol{D}^{\frac{1}{2}}\boldsymbol{D}^{-1}\boldsymbol{W}\boldsymbol{D}^{-\frac{1}{2}}\boldsymbol{D}^{\frac{1}{2}}\boldsymbol{I}_f\boldsymbol{D}^{-\frac{1}{2}}=\boldsymbol{D}^{\frac{1}{2}}\boldsymbol{D}^{-1}\boldsymbol{W}\boldsymbol{I}_f\boldsymbol{D}^{-\frac{1}{2}}\\&=\boldsymbol{D}^{\frac{1}{2}}\boldsymbol{P}\boldsymbol{D}^{-\frac{1}{2}}\end{aligned}$$

因此，它们具有相同的特征值。可重写式(4－6)成为

$$\boldsymbol{f}^*=(\boldsymbol{I}-\alpha\boldsymbol{D}^{-1}\boldsymbol{W}\boldsymbol{I}_f)^{-1}\boldsymbol{s} \tag{4-7}$$

类似于流形排序，利用式(4－7)的拉普拉斯矩阵得到另一个排序函数，可证明此时能取得更佳的结果：

$$\boldsymbol{f}^*=(\boldsymbol{D}-\alpha\boldsymbol{W}\boldsymbol{I}_f)^{-1}\boldsymbol{s} \tag{4-8}$$

传播矩阵 $\boldsymbol{A}$ 如式(4－8)。此外，为减少传播过程中超像素自相似性的影响，本处参照文献中的方法设置对角元 $\boldsymbol{A}$。最后，通过使用粗显著性图给出的前景种子度量显著性，其可以写成 $\boldsymbol{s}(i)=\boldsymbol{f}^*(i)$，$i=1, 2, \cdots, N$。

由于显著性目标通常位于图像的中心附近，被称为中心优先原则，该原则广泛应用于显著性目标检测任务。本节中，中心权值用于设置井节点，定义为

$$c_i=\frac{1}{Z^i}\exp\left(-\frac{\|\bar{p}_{i,x}-0.5\|^2}{2\sigma_x^2}-\frac{\|\bar{p}_{i,y}-0.5\|^2}{2\sigma_y^2}\right) \tag{4-9}$$

式中，$\bar{p}_{i,x}$ 和 $\bar{p}_{i,y}$ 是超像素 i 的归一化坐标，σ_x 和 σ_y 分别设置为图像宽度和高度的$\frac{1}{3}$。然后可获得一个中心加权的粗显著性图 $\boldsymbol{S}_{BC}=[c_1B_1, \cdots, c_NB_N]$，如果它们的显著性值小于或等于阈值 T_a，则将这些超像素设置为井节点。此处阈值 T_a 设置为 0。

图 4－5 表明所述井节点的有效性，其中(a)为输入图像；(b)为真值；(c)为粗显著性图；(d)为方法的显著性传播结果；(e)和(g)为带井点 p 的粗显著性图。分别使用(e)和(g)中的井节点进行标注，如图中白色箭头所指处表示添加的标注参考点，(f)和(h)为对应于(e)和(g)的显著性传播结果。从图 4－5(e)和

(f)中可以看出,如果我们在伞中设置一个井节点,伞区在传播后会被抑制。它在身体和船的区域是相同的,如图 4-5(g)和(f)所示。因此,可以通过设置合适的井节点抑制传播过程中的背景区域。

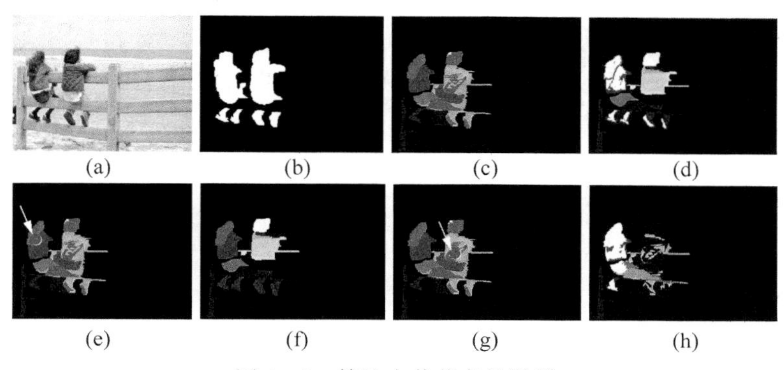

图 4-5　算法中井节点的说明

4.2.4　显著性特征细化

多级分割可进一步应用于提高性能。本节尝试将不同的分割算法结合起来,使其具有互补的特征,提高对尺度变化的鲁棒性。SLIC 是一种广泛应用的超像素分割方法,其可以生成尺寸相近的超像素。本节可以通过另一种有效的基于图形的分割方法改变大小。例如,一个平滑的区域将被 SLIC 分割成不同的超像素,可以将其看作是基于图论分割处理为一个区域,如图 4-2 所示。因此,可以使用 SLIC 分割成不同的超像素,从而产生每个图像的两个互补显著性图,并且最终的显著性输出通过对它们进行平均来生成。显然,这种两级融合也可应用于现有的基于超像素的方法,以获得进一步的改进。

4.3　实验结果

本节对五个典型的基准数据集 MSRA-10k、DUTOMRON、ECSSD、SOD 和 Pascal-S 进行评价。MSRA-10k 是 MSRA 数据集的延伸,包含10 000幅典型图像。ECSSD 包含 1 000 幅图像,其中大部分图像在语义上有意义,结构复杂。SOD 是由伯克利分割数据集采集的 300 幅图像,大部分图像含有多个显著性特征的物体,或者具有低对比度,或者与图像边界重叠。Pascal-S 为最具挑战性的显著性数据集之一,它由验证器中生成的图集所构成,包含

850 幅复杂背景的图像。它还被认为可以消除设计偏差,例如中心偏差和颜色对比偏差。DUT-OMRON 是另一个具有挑战性的数据集,包含 5 168 幅具有复杂背景的图像。

方法与 15 个最新的先进方法进行比较,包括 RC、RBD、DSR、BSCA、MCA、MR、RRWR、MC、LPS、TLLT、BL、SF、GS、LES 和 DRFI。比较中使用 RC 和多级 DRFI 的扩展版本,MCA 是由 RBD、DSR、BSCA、MR 和 HS 集成而获得。

4.3.1 参数和评价指标

1) 实验创建

在以下的仿真实验中,超像素数 N 被自适应地设置为高度×宽度/300,所有基于超像素的方法使用 SLIC 算法,$\sigma=0.8$, $k=100$,用于基于图形的分割,$\mu=0.01$,其余参数不变。

2) 评价指标

实验采用 PR 曲线、F-measure、AUC 评分和 MAE 对所有方法的性能进行评价。与以往的工作相似,PR 曲线的计算方法是将真值与二值映射进行比较。通过在 0 和 255 范围内使用阈值对显著性图进行二值化。F-measure 是一种总体性能度量,定义为

$$F_{\beta}=\frac{(1+\beta^{2})\cdot Precision\cdot Recall}{\beta^{2}\cdot Precision+Recall} \tag{4-10}$$

式中,精确度 $Precision$ 和召回率 $Recall$ 是由一个自适应阈值计算而得,该阈值是输入图像的平均显著性值的 2 倍,而 β^2 设置为 0.3 以加强精确度。AUC 曲线能有效地反映不同方法的全局特性。高分意味着存在较佳的性能,0.5 分随机猜测所形成的数值位于 0.5 左右。因此,采用 AUC-0.5 在实验中证明这一点,以保证数据的清晰性。MAE 是以像素 1 为单位的显著性图与真值之间的平均差值。表示两者之间的相似性,是 PR 曲线的补充。

4.3.2 定量结果

1) 个体成分分析

为评估不同算法步骤在方法中的贡献,因篇幅所限本节只显示图中 PR 曲线的评估结果如图 4-6 所示,(a)表示每个模型的比较结果,(b)表示通过的相似矩阵或汇点(* sp)进行修正后各模型的比较结果,(c)表示利用显著性传播算

法对较新的方法进行改进，* 表示改进的模型，可知在具有挑战性的 SOD 数据集上引入梯度和井节点，可对方法性能进行改进。具体而言，在 F-measure 上可以分别得到 1.59%和 0.89%的改进。由于 SOD 中含有许多复杂的自然图像，其中大部分具有不同的纹理结构，而用梯度统计可高效地捕捉纹理结构特征，在两级融合增强的帮助下，算法在保持效率的同时，进一步提高性能，如表 4-2 所示（输入数据来源于数据集 ECSSD，其中 M 和 C 分别代表 Matlab 和 C++）。例如，在 SOD 和 MSRA-10K 两个数据集上两级融合算法（DSP）和单级算法（DSPs）分别提升为 1.68%和 1.12%，如图 4-7(e)所示。经过精化处理后，方法对 SOD 的最大抑制率降低 2.35%，表明预测的显著性图和真实值之间接近程度较高。因此，所有单个环节均独立地为最终的性能改进做出贡献。

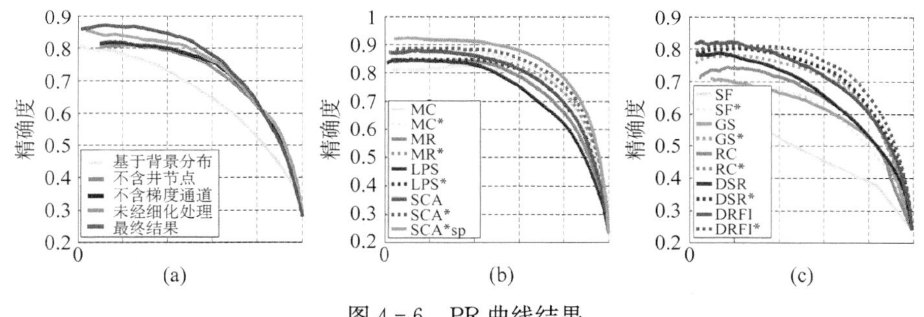

图 4-6　PR 曲线结果

表 4-2　算法平均运行时间对比

算法	代码	时间/s
MC	M+C	0.12
MR	M	0.58
RBD	M+C	0.27
LPS	M+C	2.56
RRWR	M	1.23
BSCA	M+C	1.01
DRFIs	M+C	1.81
DRFI	M+C	7.14
DSPs	M+C	0.49
DSP	M+C	0.69

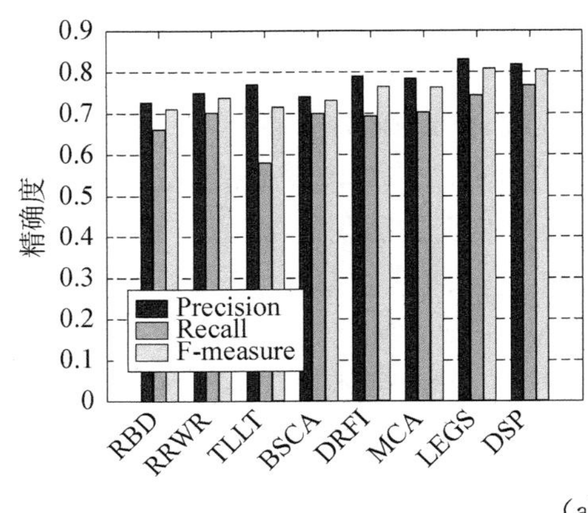
精确度
Precision
Recall
F-measure
RBD
RRWR
TLLT
BSCA
DRFI
MCA
LEGS
DSP

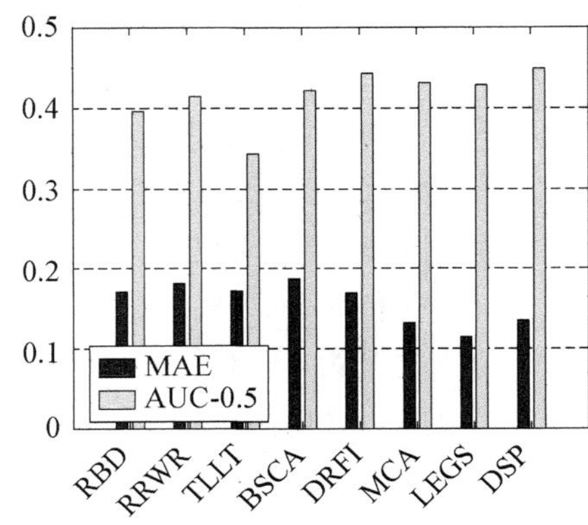
MAE
AUC-0.5
RBD
RRWR
TLLT
BSCA
DRFI
MCA
LEGS
DSP

(a)

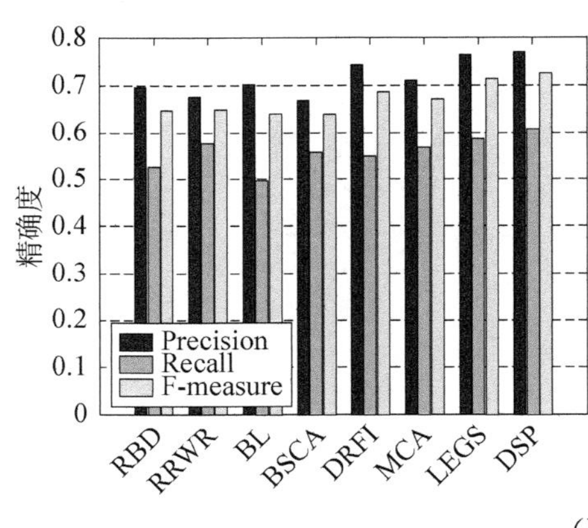
精确度
Precision
Recall
F-measure
RBD
RRWR
BL
BSCA
DRFI
MCA
LEGS
DSP

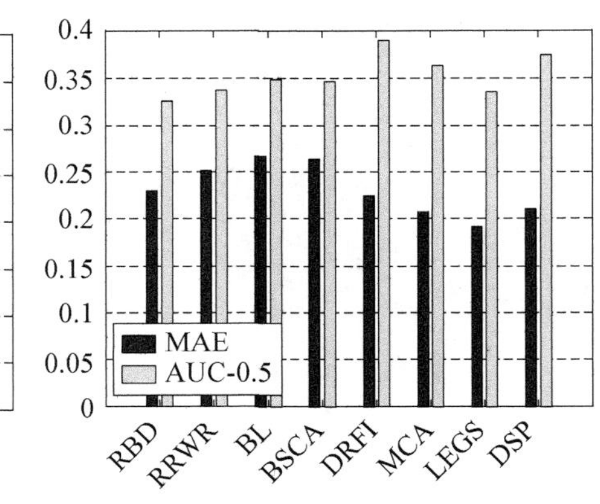
MAE
AUC-0.5
RBD
RRWR
BL
BSCA
DRFI
MCA
LEGS
DSP

(b)

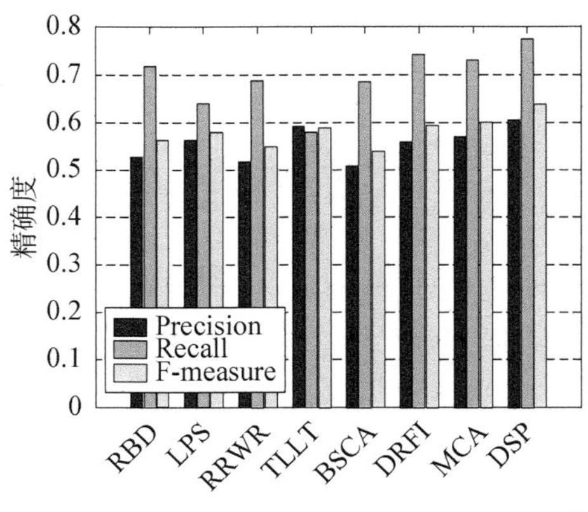
精确度
Precision
Recall
F-measure
RBD
LPS
RRWR
TLLT
BSCA
DRFI
MCA
DSP

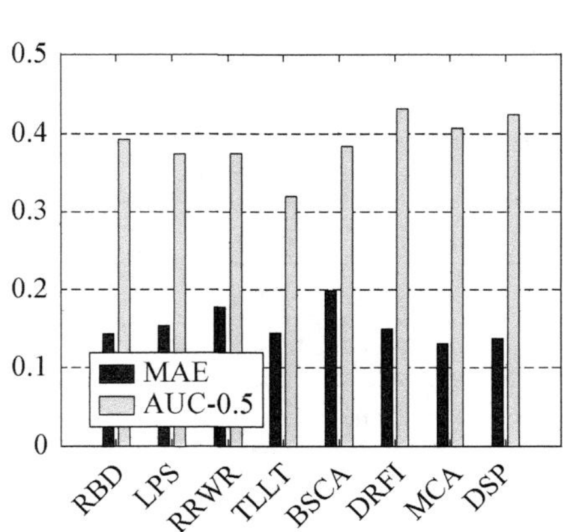
MAE
AUC-0.5
RBD
LPS
RRWR
TLLT
BSCA
DRFI
MCA
DSP

(c)

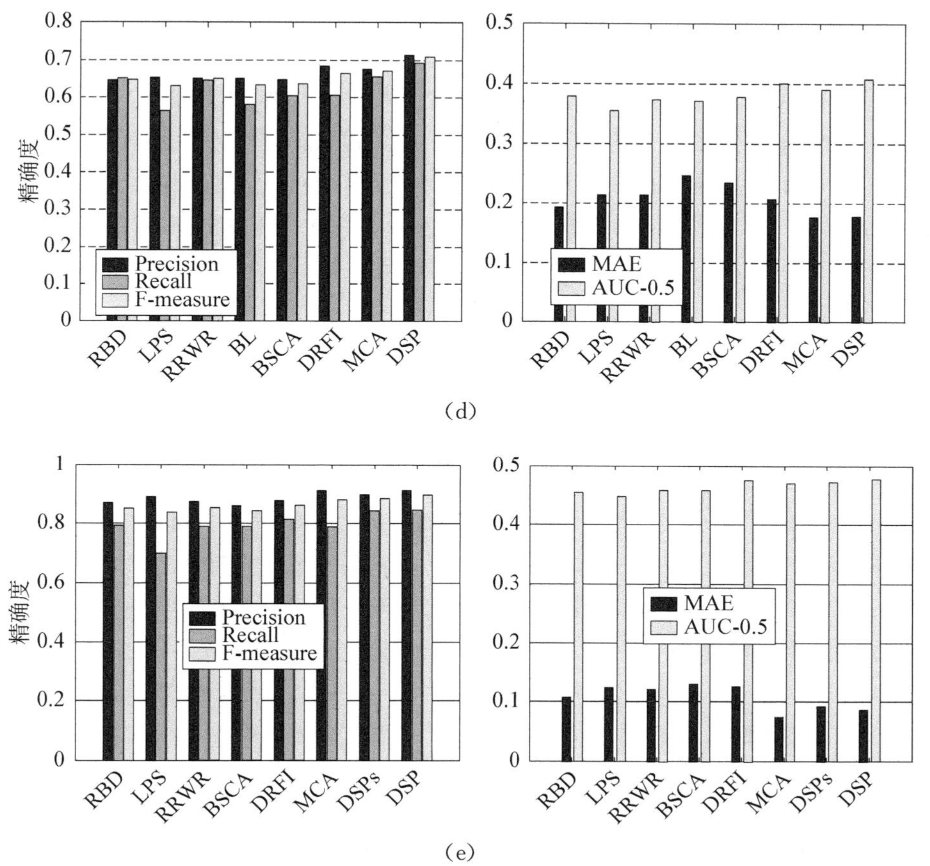

(d)

(e)

图 4－7　八种显著性传播方法在五类数据集上的定量比较结果

(a) ECSSD 数据集　(b) SOD 数据集　(c) DUT－OMRON 数据集
(d) PASCAL－S 数据集　(e) MSRA－10k 数据集

2）与最新算法的比较

图 4－7 显示不同显著性传播方法的定量比较结果，其中包括 RBD、BSCA、RRWR、LPS、TLLT 和 BL，大部分均为新方法，此外，还对 MCA、LEGS 和 DRFI 的性能进行了比较。可以看出，所提出的 DSP 在所有的评估度量和数据集的整个评估度量中均优于其他显著性的传播方法。

以具有挑战性的 PASCAL－S 数据集为例，方法比次优方法在精确度、召回率和综合评价指标(F-measure)中分别提升 2.97%、4.14%和 4.46%。此外，一些方法倾向于以低召回率为代价换取检测精确度，例如 ECSSD 上的 TLLT 和 SOD 上的 LPS，从而在精确度和召回率之间导致不平衡。与之相比，DSP 算法产生更均衡的结果，从而在所有测试数据集中得到最佳的 F-measure。此外，DSP 在高召回率范围内具有较高的精确度值，表明适当的井点对背景区域具有较强的抑制能力。还注意到该方法不仅优于 MCA 模型，而且略优于基于多层分割模型 DRFI，后者在最近的一次显著性检测基准测试中取得较好的性能，它也具有与基于深度学习的 LEGS 模型相似的性能，甚至达到更高的 AUC 评分，如图 4-7(a)和(b)所示。此外研究发现，与 DUT-OMRON 数据集相比，几乎所有方法的召回率值都要大得多，这可能是由于 DUT-OMRON 数据集的噪声标记所造成的。

3) DSP 的改进算法

多色空间和梯度通道相结合的相似矩阵 $\boldsymbol{W}$ 可用于增强现有的显著性传播方法(包括 MR、MC、LPS 和 SCA)。为公平比较，我们使用 DGB 作为 MR 和 SCA 的输入粗显著性图。PR 曲线如图 4-6(b)所示，有力地证明了构造相似性矩阵的有效性。提出相似性度量，可以大幅度地提高现有方法的性能。并进一步将井节点加入最近提出的新模型 SCA 中，将其影响因子矩阵替换为 $\boldsymbol{D}^{-1}\boldsymbol{W}\boldsymbol{I}_f$ 评价其通用性。如图 4-6(b)所示，性能可以进一步提高，这表明井节点的鲁棒性。我们也将显著性传播的机制应用到输入粗显著性图的最优化求解中，包括 RC、GS、SF、DSR 和 DRFI，结果如图 4-6(c)，可以发现在添加显著性传播之后，目标的显著性效果有明显提高。

4.3.3 结果的定性分析

图 4-8 为不同方法的一些定性比较结果。可以看到，DSP 方法充分地展示目标的显著性效果，与真实值结果接近，获得较低的 MAE 值。此外可以观察到，所提出的方法可以很好地处理背景复杂或与前景非常相似的具有挑战性的情况。如图 4-8 所示，在第三行和第六行，所有其他方法均不足以区分背景和前景区域(两者颜色特征非常接近)，而 DSP 方法可成功地分离背景与目标。同时，由于井节点的引入，DSP 方法显示出更好的背景抑制能力，如图 4-8 中第四、五和七行所示，背景区域被很好地消除，而显著性目标的特征被完全保留。此外，相比于其他模型，方法对前阶段所得的粗显著性图进行细化提纯，因此可以生成更平滑、更均匀的显著性图，例如第一行和第二行，与其他对象相比，目标的显著性特征明显且目标边界比较清晰。当显著性对象与边界成拓扑联通时，DSP 方法有效性得以验证。图 4-8 中的第六行和第七行所示的图像边界表明 DGB 的有效性。

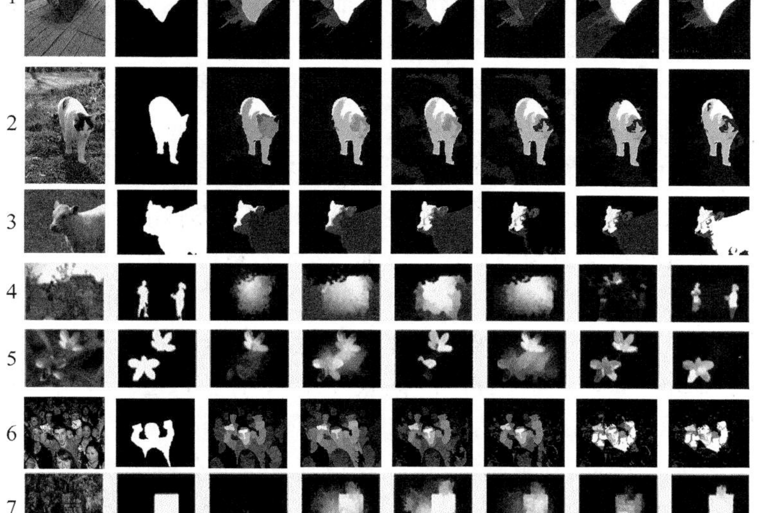

图4-8　显著性图的视觉对比实验

4.3.4　算法运行时间对比

运行时间测试是在配备i7-4 790k、4.00GHzCPU和16GBRAM的64位PC机上进行的，并在matlabr2015(附带C++mex支持文件)单线程运行。在表4-2中，列出ECSSD数据集上不同方法的每幅图像的平均运行时间。可以看出，所述的单级和二级算法均比列出的显著性传播方法效率高得多。单级版本比MR执行效率高，这是DGB在起作用。虽然比MC和RBD慢，但在牺牲计算时间的情况下可获得更好的结果。因此，需要在准确性和效率之间合理地权衡结果。

4.3.5　局限性分析

图4-8的第六行背景和前景非常相似或包含多个断开连接的显著性对象，可能会出现漏检情况，背景和前景之间的相似关系不足以用DSP算法提出的相似性度量来区分，同时利用目前的深度学习算法处理此类图像仍然得不到良好的结果。某些情况是由于在井节点设置中心优先策略，这样抑制了显著性传播

中远离图像中心的一些显著性目标区域。客观度量是一个可能的解决方案。然而，现有的客观度量方法还不够精确、有效，甚至比实验前的中心更差。可以考虑利用更多区分性的相似性度量或深度特征与有效的客观度量进一步提高现有研究结果，这是未来研究的两个方向。

一种无监督的自底向上显著性检测方法集成弱显著性与强显著性模型。基于分布先验，抑制位于图像目标边界中(前景边界)的噪声，并获得可靠的背景种子，从而生成基于背景的显著性图。通过在流形排序中设置井节点，减小传播误差尤其是在背景区域。所提出的相似性度量对于复杂图像的粗显著性特征估计和显著性传播具有很强的判别作用。同时，这种思想可应用于现有的显著性传播模型中，以提高系统的性能。最后，简单地通过 Sigmoid 判别函数和快速的双侧过滤器对粗显著性特征进行细化提纯，可以得到平滑后的显著性图。此外，通过结合基于 SLIC 和基于图的分割的优点，两级融合获得进一步的改进。实验结果不仅显示了该方法的优越性能，同时在显著性检测精确度和计算量之间也取得很好的平衡。因此，在目标检测、模式识别或语义分割方面，该方法是一个好的选择。

参考文献

[1] 胡伏原，王振华，吕凡，等. 一种基于显著性边缘的运动模糊图像复原方法[J]. 苏州科技学院学报(自然科学版)，2017，34(1)：77－82.

[2] 刘海玲. 基于计算机视觉算法的图像处理技术[J]. 计算机与数字工程，2019，47(3)：672－677.

[3] 徐海波，史步海. 基于二维分数阶傅里叶变换的视觉注意力算法[J]. 华南理工大学学报(自然科学版)，2018，46(8)：116－121.

[4] Borji A, Itti L. State-of-the-art in visual attention modeling [J]. IEEE Transactions on Pattern Analysis & Machine Intelligence, 2013, 35(1): 185－207.

[5] Borji A, Sihite D, Itti L. Salient object detection: A benchmark [M]. Heidelberg: Springer, 2012.

[6] Gao Y, Shi M J, Tao D C, et al. Database saliency for fast image retrieval [J]. IEEE Transactions on Multimedia, 2015, 17(3): 359－369.

[7] Li C Y, Guo J C, Cong R M, et al. Underwater image enhancement by dehazing with minimum information loss and histogram distribution prior [J]. IEEE Transactions on Image Processing, 2016, 25(12): 5664－5677.

[8] Cao X C, Zhang C Q, Fu H Z, et al. Saliency-aware nonparametric foreground annotation based on weakly labeled data [J]. IEEE Transactions on Neural Networks & Learning Systems, 2016, 27(6): 1253－1265.

[9] Gu K, Wang S W, Yang H, et al. Saliency-guided quality assessment of screen content images [J]. IEEE Transactions on Multimedia, 2016, 18(6): 1098－1110.

[10] Wang X H, Gao L L, Song J K, et al. Beyond frame-level CNN: Saliency-aware 3-D CNN with LSTM for video action recognition [J]. IEEE Signal Processing Letters, 2017, 24(4): 510－514.

[11] Jacob H, Pádua F L C, Lacerda A, et al. A video summarization approach based on the emulation of bottom-up mechanisms of visual attention [J]. Journal of Intelligent Information Systems, 2017, 49(2): 1－19.

[12] Liu N, Han J W. DHSNet: Deep hierarchical saliency network for salient object detection [C]. Las Vegas: Computer Vision and Pattern Recognition, 2016: 678－686.

[13] Cheng M M, Zhang G X, Mitra N J, et al. Global contrast based salient region detection [C]. Colorado: Computer Vision and Pattern Recognition, 2011: 409－416.

[14] Kim J H, Han D Y, Tai Y W, et al. Salient region detection via high-dimensional color

transform [J]. IEEE Transactions on Image Processing A Publication of the IEEE Signal Processing Society, 2015, 25(1): 9 - 23.

[15] Zhou L, Yang Z, Yuan Q, et al. Salient region detection via integrating diffusion-based compactness and local contrast [J]. IEEE Transactions on Image Processing, 2015, 24 (11): 3308 - 3320.

[16] Zhu W J, Liang S, Wei Y C, et al. Saliency optimization from robust background detection [C]. Columbus: IEEE Conference on Computer Vision and Pattern Recognition, 2014: 2814 - 2821.

[17] Achanta R, Hemami S, Estrada F, et al. Frequency-tuned salient region detection [C]. Miami: IEEE Conference on Computer Vision and Pattern Recognition, 2009: 1597 - 1604.

[18] Li X H, Lu H C, Zhang L H, et al. Saliency detection via dense and sparse reconstruction [C]. Sydney: IEEE International Conference on Computer Vision, 2013: 2976 - 2983.

[19] Qin Y, Lu H C, Xu Y Q, et al. Saliency detection via cellular automata [C]. Boston: Computer Vision and Pattern Recognition, 2015: 110 - 119.

[20] Yang C, Zhang L H, Lu H C, et al. Saliency detection via graph-based manifold ranking [C]. Portland: IEEE Conference on Computer Vision and Pattern Recognition, 2013: 3166 - 3173.

[21] Peng H W, Li B, Ling H B, et al. Salient object detection via structured matrix decomposition [J]. IEEE Transactions on Pattern Analysis & Machine Intelligence, 2017, 39(4): 818 - 832.

[22] Lei J J, Wang B R, Fang Y M, et al. A universal framework for salient object detection [J]. IEEE Transactions on Multimedia, 2016, 18(9): 1783 - 1795.

[23] He S F, Lau R W H, Liu W X, et al. Super CNN: A superpixelwise convolutional neural network for salient object detection [J]. International Journal of Computer Vision, 2015, 115(3): 330 - 344.

[24] Li G B, Yu Y Z. Deep contrast learning for salient object detection [C]. Las Vegas: Computer Vision and Pattern Recognition, 2016: 478 - 487.

[25] Zhang P P, Wang D, Lu H C, et al. Learning uncertain convolutional features for accurate saliency detection [C]. Venice: IEEE International Conference on Computer Vision, 2017: 212 - 221.

[26] Cong R M, Lei J J, Zhang C Q, et al. Saliency detection for stereoscopic images based on depth confidence analysis and multiple cues fusion [J]. IEEE Signal Processing Letters, 2016, 23(6): 819 - 823.

[27] Fang Y M, Wang J L, Narwaria M, et al. Saliency detection for stereoscopic images [C]. Kuching: Visual Communications and Image Processing, 2014: 2625.

[28] Niu Y Z, Geng Y J, Li X Q, et al. Leveraging stereopsis for saliency analysis [C]. Providence: Computer Vision and Pattern Recognition, 2012: 454 - 461.

[29] Ju R, Liu Y, Ren T W, et al. Depth-aware salient object detection using anisotropic

center-surround difference [J]. Signal Processing Image Communication, 2015,38(C): 115-126.

[30] Guo J F, Ren T W, Bei J. Salient object detection for RGB-D image via saliency evolution [C]. Seattle: IEEE International Conference on Multimedia and Expo, 2016: 1-6.

[31] Feng D, Barnes N, You S D, et al. Local background enclosure for RGB-D salient object detection [C]. Las Vegas: Computer Vision and Pattern Recognition, 2016: 2343-2350.

[32] Sheng H, Liu X Y, Zhang S. Saliency analysis based on depth contrast increased [C]. Shanghai: IEEE International Conference on Acoustics, Speech and Signal Processing, 2016: 1347-1351.

[33] Wang A Z, Wang M H. RGB-D salient object detection via minimum barrier distance transform and saliency fusion [J]. IEEE Signal Processing Letters, 2017,24(5): 663-667.

[34] Li H L, Ngan K N. A co-saliency model of image pairs [J]. IEEE Transactions on Image Processing a Publication of the IEEE Signal Processing Society, 2011,20(12): 3365-3375.

[35] Tan Z Y, Wan L, Feng W, et al. Image co-saliency detection by propagating superpixel affinities [C]. Vancouver: IEEE International Conference on Acoustics, Speech and Signal Processing, 2013: 2114-2118.

[36] Li H L, Meng F M, Ngan K N. Co-salient object detection from multiple images [J]. IEEE Trans. Multimedia, 2013,15(8): 1869-1909.

[37] Liu Z, Zou W B, Li L N, et al. Co-saliency detection based on hierarchical segmentation [J]. IEEE Signal Processing Letters, 2013,21(1): 88-92.

[38] Li Y J, Fu K R, Liu Z, et al. Efficient saliency-model-guided visual co-saliency detection [J]. IEEE Signal Processing Letters, 2014,22(5): 588-592.

[39] Fu H Z, Cao X C, Tu Z W. Cluster-based co-saliency detection [J]. IEEE Transactions on Image Processing a Publication of the IEEE Signal Processing Society, 2013,22(10): 3766-3778.

[40] Cao X, Tao Z, Zhang B, et al. Self-adaptively weighted co-saliency detection via rank constraint [J]. IEEE Transactions on Image Processing, 2014,23(9): 4175-4186.

[41] Huang R, Feng W, Sun J Z. Saliency and co-saliency detection by low-rank multiscale fusion [C]. Turin: IEEE International Conference on Multimedia and Expo (ICME), 2015: 1-6.

[42] Ge C J, Fu K R, Liu F H, et al. Co-saliency detection via inter and intra saliency propagation [J]. Image Communication, 2016,44(C): 69-83.

[43] Huang R, Feng W, Sun J Z. Color feature reinforcement for cosaliency detection without single saliency residuals [J]. IEEE Signal Processing Letters, 2017,24(5): 569-573.

[44] Zhang D W, Han J W, Li C, et al. Co-saliency detection via looking deep and wide

[C]. Boston: Computer Vision and Pattern Recognition, 2015: 2994 - 3002.
[45] Zhang D W, Meng D Y, Li C, et al. A Self-paced multiple-instance learning framework for co-saliency detection [C]. Santiago: IEEE International Conference on Computer Vision, 2015: 594 - 602.
[46] Fu H Z, Xu D, Lin S, et al. Object-based RGBD image co-segmentation with mutex constraint [C]. Boston: IEEE Conference on Computer Vision and Pattern Recognition, 2017: 4428 - 4436.
[47] Song H K, Liu Z, Xie Y F, et al. RGBD co-saliency detection via bagging-based clustering [J]. IEEE Signal Processing Letters, 2016,23(12): 1722 - 1726.
[48] Kadir T, Brady M. Saliency, scale and image description [J]. International Journal of Computer Vision, 2001,45(2): 83 - 105.
[49] Gao D S, Han S Y, Vasconcelos N. Discriminant saliency, the detection of suspicious coincidences, and applications to visual recognition [J]. IEEE Transactions on Pattern Analysis & Machine Intelligence, 2009,31(6): 989 - 1005.

[50] Schölkopf B, Platt J, Hofmann T. Graph-based visual saliency [J]. Proc of Neural Information Processing Systems, 2006,19: 545 - 552.
[51] Avraham T, Lindenbaum M. Esaliency (extended saliency): meaningful attention using stochastic image modeling [J]. IEEE Trans Pattern Anal Mach Intell, 2010,32(4): 693 -708.
[52] Hou X D, Zhang L Q. Saliency Detection: A spectral residual approach [C]. Minneapolis: IEEE Conference on Computer Vision and Pattern Recognition, 2007: 1 - 8.
[53] Guo C L, Ma Q, Zhang L M. Spatio-temporal saliency detection using phase spectrum of quaternion fourier transform [C]. Anchorage: Computer Vision and Pattern Recognition, 2008: 1 - 8.
[54] Guo C L, Zhang L M. A novel multiresolution spatiotemporal saliency detection model and its applications in image and video compression [J]. Oncogene, 2009,19(1): 185 - 198.
[55] Bruce N D, John K T. Saliency based on information maximization [C]. MIT Press, International Conference on Neural Information Processing Systems, 2005: 155 - 162.
[56] Jacobson N, Nguyen T Q. Video processing with scale-aware saliency [J]. Application to Frame Rate Up-Conversion, 2011,125(3): 1313 - 1316.
[57] Li J, Levine M, An X J, et al. Visual saliency based on scale-space analysis in the frequency domain [J]. IEEE Transactions on Pattern Analysis & Machine Intelligence, 2013,35(4): 996 - 1010.
[58] Goferman S, Zelnikmanor L H, Ayellet Tal. Context-aware saliency detection [J]. IEEE Transactions on Pattern Analysis & Machine Intelligence, 2012,34(10): 1915 - 1926.
[59] Hou X D, Zhang L Q. Dynamic visual attention: Searching for coding length increments [C]. Vancouver: Conference on Neural Information Processing Systems, 2009: 681 -

688.
[60] Elazary L, Itti L. Interesting objects are visually salient [J]. Journal of Vision, 2008, 8(3): 1 - 15.
[61] Hou X D, Harel J, Koch C. Image signature: Highlighting sparse salient regions [J]. IEEE Transactions on Pattern Analysis & Machine Intelligence, 2012,34(1): 194.
[62] Itti L, Koch C. Computational modelling of visual attention [J]. Nature Reviews Neuroscience, 2001,2(3): 194 - 203.
[63] Sun J G, Lu H C, Liu X P. Saliency region detection based on markov absorption probabilities [J]. IEEE Trans Image Process, 2015,24(5): 1639 - 1649.
[64] Wang J P, Lu H C, Li X H, et al. Saliency detection via background and foreground seed selection [J]. Neurocomputing, 2015,152(C): 359 - 368.
[65] Li H Y, Lu H C, Lin Z, et al. Inner and inter label propagation: salient object detection in the wild [J]. IEEE Trans Image Process, 2015,24(10): 3176 - 3186.
[66] Shi J P, Yan Q, Xu L, et al. Hierarchical image saliency detection on extended CSSD [J]. IEEE Transactions on Pattern Analysis and Machine Intelligence, 2016, 38 (4): 717.
[67] Liu T, Yuan Z J, Sun J, et al. Learning to detect a salient object [J]. IEEE Trans Pattern Anal Mach Intell, 2010,33(2): 353 - 367.
[68] Tong N, Lu H C, Xiang R, et al. Salient object detection via bootstrap learning [C]. Boston: IEEE Conference on Computer Vision and Pattern Recognition, 2015: 1884 - 1892.
[69] Frintrop S, Werner T, García G. M. Traditional saliency reloaded: A good old model in new shape [C]. Boston: Computer Vision and Pattern Recognition. IEEE, 2015: 82 - 90.
[70] Perazzi F, Krähenbühl P, Pritch Y, et al. Saliency filters: Contrast based filtering for salient region detection [C]. Providence: IEEE Conference on Computer Vision and Pattern Recognition, 2012: 733 - 740.
[71] Wei Y C, Wen F, Zhu W J, et al. Geodesic saliency using background priors [M]. Berlin Heidelberg: Springer, 2012: 29 - 42.
[72] Jiang P, Ling H B, Yu J Y, et al. Salient region detection by UFO: Uniqueness, focusness and objectness [C]. Sydney: IEEE International Conference on Computer Vision. IEEE Computer Society, 2013: 1976 - 1983.
[73] Wang L H, Lu H C, Ruan X, et al. Deep networks for saliency detection via local estimation and global search [C]. Boston: IEEE Conference on Computer Vision and Pattern Recognition. IEEE Computer Society, 2015: 3183 - 3192.
[74] Zhu L, Klein D A, Frintrop S, et al. A multisize superpixel approach for salient object detection based on multivariate normal distribution estimation [J]. IEEE Trans Image Process, 2014,23(12): 5094 - 5107.
[75] Li S, Lu H C, Lin Z, et al. Adaptive metric learning for saliency detection [J]. IEEE Trans Image Process, 2015,24(11): 3321 - 3331.

[76] Zhang L H, Zhao S F, Liu W, et al. Saliency detection via sparse reconstruction and joint label inference in multiple features [J]. Neurocomputing, 2015,155(C): 1 - 11.

[77] Donoser M, Bischof H. Diffusion processes for retrieval revisited [C]. Portland: Conference on Computer Vision and Pattern Recognition. IEEE, 2013: 1320 - 1327.

[78] Lu S, Mahadevan V, Vasconcelos N. Learning optimal seeds for diffusion-based salient object detection [C]. Columbus: Computer Vision and Pattern Recognition. IEEE, 2014: 2790 - 2797.

[79] Cheng X Q, Du P, Guo J F, et al. Ranking on data manifold with sink points [J]. IEEE Transactions on Knowledge & Data Engineering, 2013,25(1): 177 - 191.

[80] Mehri M, Sliti N, Héroux P, et al. Use of SLIC superpixels for ancient document image enhancement and segmentation [J]. Proceedings of SPIE—The International Society for Optical Engineering, 2015,9402(3): 1183 - 1190.

[81] Martin D, Fowlkes C, Tal D, et al. A database of human segmented natural images and its application to evaluating segmentation algorithms and measuring ecological statistics [C]. Vancouver: ICCV 2001. Proceedings, 2002: 416 - 423.

[82] Li Y, Hou X D, Koch C, et al. The secrets of salient object segmentation [C]. Columbus: Computer Vision and Pattern Recognition, IEEE, 2014: 280 - 287.

[83] Jiang H Z, Wang J D, Yuan Z J, et al. Salient object detection: A discriminative regional feature integration approach [C]. Portland: Computer Vision and Pattern Recognition, 2013: 2083 - 2090.

[84] Yan Q, Xu L, Shi J P, et al. Hierarchical saliency detection [C]. Portland: Computer Vision and Pattern Recognition. IEEE, 2013: 1155 - 1162.

[85] Wei Y C, Liang X D, Chen Y P, et al. STC: A simple to complex framework for weakly-supervised semantic segmentation [J]. IEEE Transactions on Pattern Analysis & Machine Intelligence, 2017,39(11): 2314 - 2320.

[86] Lei J J, Li L L, Yue H J, et al. Depth map super-resolution considering view synthesis quality [J]. IEEE Transactions on Image Processing A Publication of the IEEE Signal Processing Society, 2017,26(4): 1732 - 1745.

[87] Peng J T, Shen J B, Li X L. High-order energies for stereo segmentation [J]. IEEE Transactions on Cybernetics, 2015,46(7): 1616 - 1627.

[88] Fang Y M, Zeng K, Wang Z, et al. Objective quality assessment for image retargeting based on structural similarity [J]. IEEE Journal on Emerging & Selected Topics in Circuits & Systems, 2014,4(1): 95 - 105.

[89] Pan Z Q, Jin P, Lei J J, et al. Fast reference frame selection based on content similarity for low complexity HEVC encoder [J]. Journal of Visual Communication & Image Representation, 2016,40(PB): 516 - 524.

[90] Chen H T. Preattentive co-saliency detection [C]. Hong Kong: IEEE International Conference on Image Processing, 2010: 1117 - 1120.

[91] Tshev A, Shi J B, Daniilidis K. Image matching via saliency region correspondences [C]. Minneapolis: Computer Vision and Pattern Recognition, 2007: 1 - 8.

[92] Fu H Z, Xu D, Zhang B, et al. Object-based multiple foreground video co-segmentation [C]. Columbus: Computer Vision and Pattern Recognition, 2014: 3415.

[93] Guo X, Liu D, Jou B D, et al. Robust object co-detection [C]. Portland: IEEE Conference on Computer Vision and Pattern Recognition, 2013: 3206 - 3213.

[94] Chen B J, Yang J H, Ding M R, et al. Quaternion-type moments combining both color and depth information for RGB-D object recognition [C] Cancun: International Conference on Pattern Recognition, 2017: 704 - 708.

[95] Chen T S, Lin L, Liu L B, et al. DISC: Deep image saliency computing via progressive representation learning [J]. IEEE Transactions on Neural Networks & Learning Systems, 2017,27(6): 1135 - 1149.

索　引

后　记

无冥冥之志者，无昭昭之明；无惛惛之事者，无赫赫之功！

艰辛的博士研究生求学的道路已经结束，这几年时间在漫漫的人生旅程中不算长，眨眼即过，但却是人生最重要的阶段之一，它始终是我今生不可磨灭的记忆。

在本书完成之际，首先感谢我的导师史步海教授，是他给我提供继续学习的机会，感谢他在生病期间一直对我论文的悉心指导。从本书选题到研究的全过程均是在史老师严格要求下进行的。博士期间，导师在各方面都给我无微不至的关怀和热情鼓励，才使我克服了学习和生活等方面的诸多困难，得以完成学业。导师严谨求实的治学态度和宽厚待人的高尚品格给我留下深刻印象并将影响我一生。

同时，由衷感谢夫人马莉丽在我学习期间给我的莫大理解与帮助，使我感受到家的温馨，在我科研期间遇到困境时及时地开导我，使我获取不断的动力！新成员徐维婉妗的到来使我感受到父亲责任的伟大，我会在以后的科研中更加努力，争取更大收获！

感谢本书参考文献中的专家和学者，他们的工作为本书研究提供了基础。

谨以此书献给我勤劳的父母。由衷地感谢他们三十几年来无微不至的照顾，感谢他们在学业上对我的鼎力支持，正是因为有他们含辛茹苦和毫无保留的付出，才有今天我所取得的一切。我以拥有你们而自豪，我也将努力成为你们的骄傲。在此恭祝父母身体健康，万事如意。